Heep/Zimmermann:
Atemschutzhandbuch aus der Praxis für die Praxis

Heep/Zimmermann

Atemschutzhandbuch

aus der Praxis für die Praxis

ISBN 3-88293-090-X
2003, 1. Auflage

Am Krekel 47
35039 Marburg
Telefon: 0 64 21 / 17 32 60
Telefax: 0 64 21 / 17 32 69
E-Mail: redaktion@wenzelverlag.de
Internet: http://www.wenzelverlag.de

Inhaltsverzeichnis

Seite

Seite

Vorwort

Die beiden Autoren haben sich zum Ziel gesetzt, ein Fachbuch mit umfassenden Informationen für einen in der Atemschutz-Ausbildung befindlichen Feuerwehrangehörigen zu erstellen. Dieses Fachbuch soll auch ausgebildeten Feuerwehrangehörigen dienen, damit neue Informationen und Erkenntnisse im Bereich Atemschutz gelernt werden können.

Der Leser dieses Fachbuches kann mit den enthaltenen Infos seine persönliche Sicherheitszone erweitern und aktiv die Inhalte lernen. Aus diesem Grund haben sich die Autoren für ein anwendbares und praktisches Handbuch entschieden.

Das vorliegende Handbuch ist eine Zusammenstellung aus dem Bereich Atemschutz und nicht nur für die Atemschutzgeräteträger sondern für alle Einsatz- und Führungskräfte der Feuerwehr, da gerade Führungskräfte in der Feuerwehr umfangreiche Kenntnisse über den Fachbereich Atemschutz besitzen sollten. Die Autoren haben in vielen Jahren Erfahrungen gesammelt und dieses weitgefächerte Thema „richtiger Umgang mit Atemschutz" in zusammenfassender Weise als **Einsatz- und Ausbildungshilfe** aufgearbeitet.

Leicht und verständlich soll es sein, das Atemschutz-Handbuch, **für die Praxis und von der Praxis.**

Beide Autoren, Uwe Zimmermann und Andreas Heep, sind seit Jahren aktiv als Kreisausbilder des Landkreises Limburg-Weilburg für Atemschutzgeräteträger und auch für die CSA-Ausbildung tätig.

Uwe Zimmermann als Stadtbrandinspektor der Stadt Limburg/Lahn und Wehrführer der Feuerwehr Limburg, sowie Andreas Heep als Gemeindebrandinspektor der Gemeinde Beselich, kennen die Probleme aus der Praxis und wissen, worauf es bei der theoretischen und praktischen Ausbildung ankommt. Sie sind beide nicht nur aktive Feuerwehrmänner und Atemschutzgeräteträger, sondern vermitteln ihren Kameraden auch u. a. im Fachbereich Atemschutz die neusten Informationen in Theorie und Praxis.

Lob würde uns freuen, konstruktive Kritik unter der E-Mail-Adresse redaktion@wenzelverlag.de oder Fax-Nr. 0 64 21/17 32 69 hilft uns weiter!

Wenn Sie einen DRUCKFEHLER finden, bitte bedenken Sie, dass dieser beabsichtigt war. Wir bringen für jeden etwas!

DANKE

Die Autoren bedanken sich bei den Feuerwehrkameraden Markus Heinritz/FF Limburg/Lahn und Marco Hofmann/ FF Beselich, die eine Vielzahl von Fotoaktionen bereitwillig über sich ergehen ließen. Bei den Firmen MSA Auer, Dräger AG, BULLARD, rescue-tec, iconos-Fettweis und DÖNGES, die Fotos und Informationen zur Verfügung gestellt haben. Besonders danken wir dem Feuerwehrkameraden Peter Göbbels/FF Limburg, der uns diese zahlreichen Bilder erstellt und qualifiziert in den fototechnischen Fragen beraten hat.

Danke auch an Herrn Wolfgang Wenzel, Linda und Nora Wenzel vom Wenzel-Verlag Marburg, für die Unterstützung bei der Umsetzung dieses Fachbuches und der Herstellung und Reproduktion verschiedener Zeichnungen, Grafiken und Bilder. Herr Manfred Dubig steuerte freundlicherweise Teile des Kapitels „Lüftungsmaßnahmen" samt Grafiken aus dem empfehlenswerten Buch „Technische Hilfe" (ISBN 3-88293-057-8) bei.

Nicht zuletzt vielen Dank unseren Frauen, die diesem Buch zuliebe sowie auch bei vielen Einsätzen und Übungen, so manchen Abend und halbe Nächte alleine verbringen mussten.

Die Autoren

Andreas Heep **Uwe Zimmermann**

Hinweis:

Der Inhalt des vorliegenden Handbuchs „ATEMSCHUTZ" ist nach umfangreichen und mit Sorgfalt durchgeführten Recherchen der einschlägigen Literatur erarbeitet worden. Das Handbuch gibt den Stand der Rechtsvorschriften und Technik sowie den Erfahrungsschatz der Autoren zum Zeitpunkt der Herausgabe wieder. Eine Haftung oder Ansprüche aus diesen Angaben ist jedoch ausgeschlossen. Die Angaben ersetzen nicht die Informationspflicht und Prüfung der Gegebenheiten durch den Nutzer.

In diesem Werk werden Rechtsgrundlagen, physikalisch-chemische Daten, Grenzwerte, Gefahrenhinweise und Sicherheitsratschläge erwähnt. Diese Angaben sind bei der Herstellung dieses Fachbuches genau dem Wissensstand entsprechend bearbeitet worden, dennoch sind Fehler nicht vollständig auszuschließen. Für die Richtigkeit der aufgenommenen Angaben und Werte, kann keine Gewähr übernommen werden.

Ein fachliches Feedback gerne und jederzeit über den Verlag!

1. Einleitung

Tag für Tag rücken Feuerwehrleute aus, um Menschen, Tiere und die Umwelt im Allgemeinen vor Feuer-, Elementar- und weiteren Schadensereignissen zu schützen und Sachwerte zu erhalten. Trotz allen beruflichen oder ehrenamtlichen Engagements können sie nicht verhindern, dass Menschen sterben oder schwere Verletzungen erleiden und Sachwerte vernichtet werden. Viele dieser Schäden sind unvermeidbar, sind häufig bereits eingetreten, bevor die Feuerwehr eingreifen kann.

Einige nicht unerhebliche Verluste könnten jedoch u. a. durch eine bessere Vorgehensweise vermieden werden. Kann es nicht sein, das bei manchem Einsatz in der Vergangenheit grundlegende Fehler in unseren taktischen Überlegungen waren, kann es nicht sein, dass wir nicht immer zielorientiert vorgegangen sind? Dass wir möglicherweise uns und andere unnötig gefährdet haben?

Im vollen Bewusstsein möglicherweise ihre Gesundheit zu gefährden, verletzt zu werden oder gar auch mit dem Tode zu rechnen, gehen gerade Atemschutzgeräteträger zum Teil ein sehr großes Risiko ein, wo nach einem Einsatz schon die Überlegung kommt, „musste das sein, war es denn wirklich notwendig."

Die Anforderungen steigen an die Feuerwehren. Genügten früher die Kenntnisse der normalen Brandbekämpfung, müssen heute alle Feuerwehren auch die „kleinen", die unterschiedlichsten Lagen meistern, um in Not geratene Mitmenschen oder Tiere zu retten, Sachwerte zu erhalten und die Umwelt vor weiteren Schäden bewahren.

Mit den kritischen Anmerkungen soll keinesfalls alles bisherige in Frage gestellt werden. Es soll lediglich versucht werden, den Leser zum Nachdenken anzuregen und zu animieren, in einzelnen Fällen neue Wege zu gehen! Ideen und Vorschläge finden Sie in diesem Buch viele!

„Nichts bleibt, wie es ist und nichts wird, wie es war" – Dieser Satz gilt auch uneingeschränkt für den Feuerwehrdienst. Oft sind es nur Kleinigkeiten, die sich ändern, aber auch grundlegende Neuerungen treten immer wieder ein. Ein unfallfreies und sicheres Vorgehen unter Atemschutz ist eines unserer Ziele. Auch eine effiziente und qualifizierte Vorgehensweise mit den vorhandenen Mitteln muss bei jedem Einsatz gewährleistet sein. Der Zeitdruck an der Einsatzstelle erlaubt es meistens nicht, ausgiebige Lagebesprechungen durchzuführen. Bestimmte Handlungsabläufe gerade beim Innenangriff wo der Gruppenführer nicht mehr korrigieren kann, müssen standardisiert sein und auf Zuruf über Sprechfunk ausgeführt werden können. Wir müssen uns auf alle Führungskräfte und -ebenen, auch gerade auf den Truppführer verlassen können.

Die grundsätzliche Denkweise der Führungskräfte muss der Mannschaft im Vorfeld schon vermittelt werden, eine ausgeprägte Teamfähigkeit gerade von einem Angriffstrupp unter PA muss eine Voraussetzung sein. Wollen wir zum Beispiel in bestimmten Lagen künftig mit einer modifizierten Taktik arbeiten, ungewohnte Wege beschreiben, so muss die Mannschaft durch Vorträge, Diskussionen und vielen praktischen Übungen darauf vorbereitet sein, um an der Einsatzstelle Diskussionen und Fehlinterpretationen zu vermeiden. **Gerade der Trupp unter PA ist im Innenangriff nicht unter Beobach-**

tung und beeinflusst doch maßgeblich das Einsatzgeschehen!

Die deutsche Feuerwehr genießt den Status einer „nicht zu kritisierenden heiligen Kuh". Abgesehen von wenigen, dezenten Nachfragen oder Angriffen seitens der Bevölkerung, der Medien, der Versicherungen und der politischen Gremien wagt es in der Regel niemand, die Maßnahmen der Feuerwehr in Frage zu stellen. In diesem Status der scheinbar Unfehlbarkeit sonnen wir uns. So vorteilhaft es auch sein mag, als „heilige Kuh" außerhalb der öffentlichen Kritik zu stehen, so gefährlich ist es, dem Irrglauben zu verfallen, dieser Status werde ewig andauern.

Es ist sicherlich nur eine Frage der Zeit, bis von Seiten der Versicherungen, der Geschädigten, der Medien und der Politik der Leistungsdruck deutlich zunehmen wird und verstärkte Kontrollen bezüglich unserer tatsächlich erbrachten Leistung eingeführt werden. Es gibt genügend Beispiele in den letzten Jahren, wo auch im Bereich Atemschutz nicht richtig im Einsatzablauf gearbeitet wurde.

Es macht sicherlich Sinn, bereits heute die eigenen Maßnahmen ehrlich und kritisch in den eigenen Reihen zu diskutieren, Mängel und Schwächen schonungslos aufzudecken und an deren Behebung zu arbeiten. Einsatzstellen müssen nach einem Brand kritisch begangen werden. Einsatznachbesprechungen müssen in verstärktem Maße durchgeführt werden. Viele verletzte und sogar **tote Atemschutzgeräteträger** sind in den letzten Jahren zu beklagen. Können wir das verantworten? NEIN!

Sehr oft kann man in Feuerwehren erleben, dass es nicht der fehlende Wille oder die Voraussetzung in der Mannschaft ist. Oft ist es die Führung die nicht genügend Augenmerk auf die Notwendigkeit von Übung und Ausbildung im Bereich Atemschutz legt. Wenn Feuerwehren mehr als ein Jahr keinen PA in ihrer Wehr zu Übungszwecken einsetzen, PA und Masken zum Reinigen in die zentrale Atemschutzwerkstätten bringen und diese schon zwei Jahre über die Prüffrist hinaus sind, dann stimmt was nicht mit der Einstellung und der Auffassung der Verantwortlichen. Die Grundlagen sind Eindeutig und genau definiert, siehe Feuerwehrdienstvorschrift 7.

Die Ausrede „wenn wir mehr Geld hätten" greift dabei nicht. Die meisten Probleme sind Einstellungsprobleme in unseren Köpfen und zum Teil die fehlende Ausbildung. Sie lassen sich ohne jeglichen finanziellen Aufwand lösen. Wir müssen es nur wollen!

Ein brennender PKW, der Feuerwehrangehörige ohne Atemschutz löscht mit einem C-Strahlrohr. Auch die Schutzkleidung ist völlig ungenügend.

WARUM lernen wir nicht aus vergangenen Unfällen unter Atemschutz? WIESO muß ein Unfall erst in unmittelbarer Umgebung stattfinden bevor mögliche Missstände erkannt werden?

Obwohl der Feuerwehrangehörige im Brandrauch steht und der Gefahr von extremer Wärmestrahlung ausgesetzt ist, trägt er beim Löschen dieses PKW-Brandes keinen Atemschutz. Auch der fehlende Brandschutzanzug und falsche Schutzhandschuhe aus einfachem Leder sind zu erkennen, ganz zu schweigen von den fehlenden Schutzhosen. Immer wieder unterschätzen Feuerwehrangehörige die Dauer so eines Löscheinsatzes und auch die Gefahr der Schädigung der Atemwege, bzw. die Verbrennungsgefahren.

Oft werden Unfälle und beinahe Unfälle herunter gespielt, Sachverhalte und augenscheinliche Defizite im Ausbildungsbereich verharmlost. Gerade die Argumentationen **„bei uns gibt es keine so schwierigen und großen Einsätze" oder „ich mache die Feuerwehrarbeit doch nur freiwillig"** können tödlich sein!!!

Wir brauchen für unsere Feuerwehrangehörigen eine umfassende und wirksame Aus- und Weiterbildung, dieses müssen wir nicht nur anbieten sondern auch aktiv umsetzen! Dieser Forderung steht meist das „Problem" gegenüber, dass diese doch zum Teil sehr umfangreiche Aus- und Weiterbildung von den mehr als 1.300.000 Feuerwehrangehörigen meist zusätzliche Maßnahmen zu den immer weiter steigenden Anforderungen im Berufsleben und in der Feuerwehrarbeit geleistet werden müssen, da diese freiwilligen Feuerwehrangehörigen ehrenamtlich den Dienst leisten. In den Berufsfeuerwehren wird in der Regel das Thema Atemschutz auf hohem Niveau abgearbeitet.

Dieses Fachbuch ist auch für Feuerwehrangehörige die bereits Erfahrungen als Atemschutzgeräteträger gesammelt haben, diese können mit diesem Fachbuch ihr Wissen auffrischen und ergänzen.

Atemschutz

Atemschutz bedeutet „Schutz der Atmung". Bei jedem Brand- und Gefahrguteinsatz sind Atemgifte oder ein Sauerstoffmangel vorhanden, die für Menschen lebensgefährlich werden können.

An Einsatzstellen werden die eingesetzten Feuerwehrangehörigen oft von Stoffen in der Umgebungsatmosphäre bedroht, gegen die sie sich nur mit geeigneten Ausrüstungen und Geräten schützen können.

Daher ist die Ausrüstung der im Gefahrenbereich eingesetzten Einsatzkräfte über einen ausreichend langen Zeitraum – **dazu zählen auch die Nachlöscharbeiten!** – mit geeigneten Atemschutzgräten obligatorisch!

Atemschutzgeräte gewähren einen ausreichenden Schutz gegen viele Atemgifte, nicht gegen alle. Es gibt auch so genannte hautresorptive Stoffe, die über unsere Haut aufgenommen werden. Zum Schutz gegen solche Stoffe werden so genannte Chemikalienschutzanzüge getragen (CSA). Die Wahl der Atemschutzgeräte und der Schutzkleidung ist hier mit entscheidend. **Atemschutzgeräte gewähren einen ausreichenden Schutz, wenn der Geräteträger ihre Handhabung und die Grenzen ihrer Schutzwirkung kennt und wenn er sich den Vorschriften und unseren Empfehlungen entsprechend verhält.**

Der eigenen Sicherheit ist gerade unter einem Atemschutzgerät ein besonderer Wert beizumessen. Der Feuerwehreinsatz muß **schnell, zielgerichtet, massiv** und **sicher** erfolgen!

Voraussetzung sind das Verständnis für die Anwendungsmöglichkeiten und die Schutzwirkungen der Geräte, richtige Auswahl der Geräteträger, sorgfältige Ausbildung und Eingewöhnung sowie gewissenhafte Pflege und Wartung der Geräte.

Je intensiver die Ausbildung ist, desto größer ist das Vertrauen des Geräteträgers zum Gerät und zu seinen eigenen Leistungen im Einsatz. Hierdurch wird die Unfallgefahr weitgehend eingeschränkt.

Im Bereich des Atemschutzes darf nicht oberflächlich und leichtfertig gehandelt werden. Jeder Fehler gefährdet Leben und Gesundheit der eingesetzten Kameraden. Gewissenhaftigkeit, Kameradschaft und Teamfähigkeit sind daher oberstes Gebot.

Grundsätzlich sollten alle Feuerwehrangehörigen für die Arbeit mit Atemschutzgeräten geeignet und auch ausgebildet sein. Da die Träger von Behälter und Regenerationsgeräten oft unter ungünstigen Verhältnissen arbeiten müssen, sind an sie auch höhere Anforderungen zu stellen, als zum Beispiel an einen Maschinisten oder Melder, im Sinne der physischen Belastungen!

Um als Feuerwehrangehöriger zum Beispiel eine Personenrettung vornehmen zu können oder einen Brand zu löschen ist es jedoch erforderlich, sich länger in diesem

Gefahrenbereich aufzuhalten. Aus diesem Grund ist es notwendig, mit Atemschutz vorzugehen.

Auch wenn die deutsche Atemschutzausbildung nicht die schlechteste ist, so gibt es doch noch vieles zu verbessern, um den Einsatz unserer Atemschutzgeräteträger sicherer und effizienter zu gestalten. Atemschutzüberwachungen, Suchtaktiken, s. g. Heißausbildungen und eine Änderung der Taktik können uns dabei helfen.

Atemschutzeinsatz unter Pressluftatemschutzgeräten = Ein Restrisiko bleibt!

Trotz aller technischen, personellen, materiellen und organisatorischen Sicherheitsvorkehrungen, ist ein restrisiko für den Atemschutzgeräteträger vorhanden. Was ist denn ein „akzeptables" Restrisiko für einen Menschen, einen Feuerwehrangehörigen? Wann können wir wo und wie unsere Einsatzkräfte und Kameraden noch in gefährliche Bereiche eindringen lassen?

Bleibt immer genügend Zeit und Qualität für die Abschätzung der Risikogefahrenanalyse, Erkundung und Befehlsgebung?

Die Gefahren durch mögliche Rauchgasdurchzündungen (Flash-over) und Rauchgasexplosionen (Backdraft) sind keinesfalls der Filmindustrie oder amerikanischen Feuerwehrangehörigen vorbehalten. Auch in Deutschland werden Einsatzkräfte durch solche Phänomene schwer verletzt oder getötet. Durch die heutigen Bauweisen (Isolierungen, Mehrfachverglasung, und so weiter) werden diese Gefahren zukünftig weiter steigen!

Einige Feuerwehren gehen bereits mit guten Beispielen voran. Dennoch ist nicht an eine flächendeckende, praxisorientierte Ausbildung zu denken. Nicht einmal die Überkleidung (Jacke und Hose) nach DIN EN 469 ist in Deutschland flächendeckend eingeführt worden. Notsignalgeber, Atemschutzüberwachung, Messer, usw. sind ebenfalls vielerorts Fremdworte. In einigen Fällen sind häufig private Anschaffungen zu finden. Flammschutzhauben, Schalkragen/Hollandkragen, Lampen, Messer, und so weiter, gehören zu den Favoriten. Sie stellen ein sinnvolles Zubehör dar. Aber muss man sich als Feuerwehrmann/-frau wirklich privat ausrüsten? Sind hier nicht die verantwortlichen Führungskräfte und die Zuständigen der Beschaffung gefragt? Diese Ausrüstungen sollten kein Luxus sein, sondern Standard!

Es wird uns nie gelingen, fehlerfrei zu arbeiten, perfekt in jedem Einsatz zu handeln. Wir müssen jedoch unsere Fehler erkennen und uns diese bewusst machen. Die häufig gebrauchten Argumente wie **„das haben wir immer schon so gemacht", beziehungsweise „das haben wir noch nie so gemacht"** helfen uns dabei nicht weiter und wir bekommen mit solchen Aussagen in den einzelnen Wehren auch in dem Fachbereich Atemschutz keine Entwicklung.

Eine 100%ige Sicherheit wird es bei der Feuerwehr nie geben. Durch die Erkenntnisse aus dem In- und Ausland kann man jedoch einigen Gefahren wirksam begegnen und lernen! **Dieses Buch wird dabei helfen**!

Wenn Sie einen echten, dauernden Nutzen aus diesem Buch ziehen wollen, dann glauben Sie ja nicht, dass ein flüchtiges Durchblättern genügen würde! Nachdem Sie es gründlich durchgearbeitet haben, sollten Sie vor

Übungen Zeit verwenden, einzelne Teile zu wiederholen. Machen Sie sich und Ihren Kameraden klar, dass noch gar nicht alle Möglichkeiten und Verbesserungsvorschläge ausgeschöpft sind!

Vergessen Sie ja nicht, dass Sie die im Buch aufgestellten Regeln und Leitsätze nur dann automatisch und unbewusst anwenden, wenn Sie diese oft und lange angewendet und wiederholt haben. Es gibt keine andere Methode um „erfolgreich" unter Atemschutz arbeiten zu können. **Lernen ist ein aktiver Prozess. Wir lernen nur, indem wir es tun.** Wenn Sie also die Grundsätze, die Sie in diesem Buch lernen, beherrschen möchten, müssen Sie etwas tun! Wenden Sie die Ideen und Vorschläge bei jeder sich bietenden Gelegenheit und Übung an. Sonst vergessen Sie es sofort. Machen Sie auch Ihre Feuerwehrarbeit im Fachbereich Atemschutz mit BEGEISTERUNG!

Ergänzungen und Anregungen können Sie gerne dem Verlag mitteilen,

Fax 06421/173269 oder E-Mail: redaktion@wenzelverlag.de.

Die Autoren sind für jedes Feedback dankbar und werden es verarbeiten für die nächste Auflage.

Nur angewandtes und geübtes Wissen bleibt Ihnen im Gedächtnis. Bezahlen Sie Ihren Kameraden jedes Mal eine kleine Geldstrafe in die Kaffeekasse, wenn sie Sie dabei erwischen, wie Sie die eine oder andere in diesem Buch aufgestellten Regeln verletzten.

Es geht um Ihre Sicherheit und um Ihre Gesundheit!

Wie Sie das meiste aus diesem Buch für sich und Ihre Kameraden herausholen können:

- Entwickeln Sie ein unbezähmbares Verlangen, die Grundregeln für einen optimalen Einsatz unter PA beherrschen zu können.
- Führen Sie ein Tagebuch und notieren Sie, wie und wann Sie die hier beschriebenen Grundsätze bei Übungen und Einsätzen angewandt haben. Heben Sie es zusammen mit diesem Buch auf und geben Sie uns als Autoren gerne eine Rückmeldung.
- Lesen Sie jedes Kapitel zweimal, bevor Sie zum nächsten Kapitel übergehen.
- Überprüfen Sie jeden Monat Ihre Fortschritte. Überlegen Sie, was für Fehler Sie gemacht haben, was Sie besser machen können und was Sie für die Zukunft gelernt haben.
- Unterbrechen Sie diese Lektüre häufig und überlegen Sie, wie Sie die gegebenen Anregungen in die Tat umsetzen können. Diskutieren Sie mit Ihren Kameraden darüber.
- Machen Sie das Üben zum Spiel: Jedes Mal, wenn ein Kamerad Sie in einer Übung oder bei einem Einsatz dabei ertappt, wie Sie eine Regel verletzen, müssen Sie etwas in die Kaffeekasse zahlen.
- Wenden Sie die hier besprochenen Grundsätze und Überlegungen bei jeder Gelegenheit an. Verwenden Sie dieses Buch als praktischen Ratgeber.
- Machen Sie auch Ihre Feuerwehrarbeit im Fachbereich Atemschutz mit BEGEISTERUNG-

Geben Sie über den Verlag uns Autoren ein Feedback des „erlebten" und weitere Anregungen!

NOTIZEN:

2. Entwicklung des Atemschutzes

Die Verwendung von Atemschutzgeräten ist im Bereich der Feuerwehren heute eine alltägliche Notwendigkeit. Dieses zeigt sich bei nahezu allen Einsatzarten, vom Brandeinsatz über die technische Hilfeleistung (mit z. B. PKW-Brand) bis zum Einsatz in Gegenwart von gefährlichen Stoffen und Gütern. Was haben die Feuerwehrleute vor 50 oder 100 Jahren gegen diese Gefahren gemacht, wie hat man sich geholfen?

Von der Maelzel'sche Erstickungswehr, zum Rauchschutzapparat, zum Pressluftatmer. Nicht nur das Feuer an sich war und ist der Gegner der Feuerwehren, den es zu bekämpfen galt. Anfangs rückte man dem „Feind Feuer" mit den Mitteln wie Eimer oder Wenderohrpumpen, von Außen zu Leibe. Doch mit der Erfindung des Druckschlauches ergab sich nun die Möglichkeit, auch von Innen dem Brand Paroli zu bieten.

Nun tauchte ein neuer Gegenspieler der Feuerwehren auf – der Rauch. Sicherlich hatten die Rettungskräfte schon zu Urzeiten mit dieser gefährlichen Bedrohung zu kämpfen. Doch nun begrenzte den so genannten Innenangriff das Fehlen eines brauchbaren Atemschutzes. So ist zum Beispiel auf einer Illustration um 1700, die der Erfinder des Druckschlauches, Jan van der Heyden, zeichnete, zu sehen, wie ein Wohnhausbrand von Außen wie von Innen bekämpft wurde. Doch der Innenangriff war zu dieser Zeit nur über rauchfreie Zonen möglich!?!-

Sicher beabsichtigte der Zeichner dieses Bildes, Jan van der Heyden, die Vorteile seiner Erfindung der Druckschläuche gegenüber den damals üblichen Wenderohren darzustellen. Aus der heutigen Sicht des Atemschutzes sehr bedenklich ist, der todesmutige Einsatz der Feuerwehrmänner im Innenangriff ohne jeglichen Schutz.

1812 gab es in Wien Johann Maelzel mit seiner einmaligen Erfindung der s. g. "Erstickungs Wehr". Wie auf dem folgenden Foto zu erkennen ist, wurde mit einem Blasebalg und einer von Hand angetriebenen Haspel aus Holz mit hohler Achse, Umgebungsluft wie auch bei einem heutigen Schlauchgerät angesaugt und transportiert. Hierbei wurde die Umgebungsluft über Schläuche in s. g. Hauben gefördert, diese einfachen Hauben hatten schon damals um 1812 nicht nur Mundstücke zur Luftaufnahme sondern auch Augengläser, ein Ausatemventil und eine Signalpfeife! Das Löschwasser wurde aus einem Brunnen parallel zur Luftversorgung über einen weiteren Schlauch in das Gebäude gefördert.

Spätere Mittel wie Rauchschwämme, die vor die Atmungsöffnungen gebunden wurden, oder Filter, erwiesen sich für den harten Feuerwehreinsatz im Brandbereich als ungeeignet und zu gefährlich. Erst gegen Ende des 19. Jahrhunderts brachte die unmittelbare Zufuhr frischer Atemluft mittels Schläuche bessere Erfolge. Dieser so genannte Rauchschutzapparat war die erste brauchbare Lösung.

Wichtige Fortschritte zur Benutzung dieses Gerätes brachten Zusatzeinrichtungen wie Sprechgarnitur und die Ver-

besserung der Helme. So der 1890 vom Fabrikanten König vorgestellten Rauchhelm. 1897 gab es über die Luftleitung eine Sprecheinrichtung, diese erfand der Branddirektor Reichel in Hamburg-Altona! Um 1900 wurden dann die Augengläser am Helm vergrößert und diese waren sogar aufklappbar ausgeführt! In seiner Weiterentwicklung 1901 mit Duscheinrichtung zur Kühlung brachte der Helm den Benutzern den Spitznamen „Brandtaucher" ein.

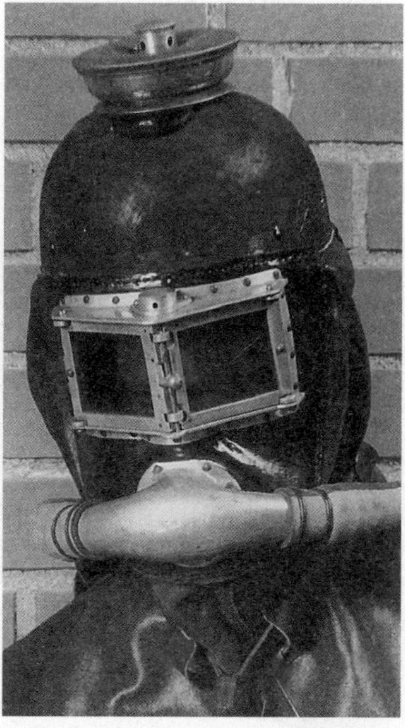

Stetige Entwicklungsarbeit führte zur Verbesserung der Helmmasken und zum Mitführen von Atemluft bzw. Pressluft in Flaschen und schaffte so die Bewegungsfreiheit und Unabhängigkeit beim Einsatz, wie wir sie bis heute gewohnt sind und schätzen. Die so genannten umluftunabhängigen Atemschutzgeräte oder Pressluftatemgeräte, kurz PA genannt, fanden Einzug in den Feuerwehralltag.

Einsatz unter Atemschutz in den 60er Jahren

3. Voraussetzungen und Anforderungen für den erfolgreichen Atemschutzeinsatz

Die Voraussetzungen & Anforderungen für den Einsatz unter Atemschutzgeräten sind zwar vielen Feuerwehrangehörigen und Führungskräften klar, werden diese auch immer beachtet?

Die Gesundheit und das Leben eines Atemschutzgeräteträgers können gefährdet werden u. a. durch

- Keine oder unzureichende Ausbildung
- Schlecht gewartete Atemschutzgeräte
- Fehlende Einsatzerfahrung
- Undiszipliniertes und falsches Verhalten im Einsatz unter Atemschutz
- Keine körperliche Eignung und kein Training unter PA.

Aufgrund der erheblichen körperlichen und seelischen Belastungen beim Einsatz unter Pressluftatemschutzgeräten, muß der Atemschutzgeräteträger geeignet und entsprechend ausgebildet sein. Seine gesundheitliche Eignung ist vor Beginn der Ausbildung festzustellen, dieses geschieht durch die Untersuchung G26. Die fachliche Eignung wird durch den Atemschutzgeräteträger-Lehrgang erreicht.

Die Voraussetzung und Anforderung für den erfolgreichen Atemschutzeinsatz an einen Atemschutzgeräteträger sind:

Mindestens 18 Jahre, nach Möglichkeit nicht über 50 Jahre alt

Ausbildung Truppmann Teil 1, Feuerwehr-Grundausbildung

Ausbildung zum Atemschutzgeräteträger

Umfassende und intensive Ausbildung an den Geräten der eigenen Wehr/des Standortes

Einwandfreie Pflege und Wartung der Geräte

Jährliche Übung unter Einsatzbedingungen – Nachweis auf der Atemschutzübungsanlage

„Gültige" G26 Vorsorgeuntersuchung. Die Atemschutztauglichkeit muss nach den arbeitsmedizinischen Grundsätzen, für Vorsorgeuntersuchungen der „Träger von Atemschutzgeräten für Arbeit und Rettung" (G26), ärztlich festgestellt worden sein. Diese Untersuchung ist mindestens alle 3 Jahre, bei Geräteträgern die älter als 50 Jahre sind, jedes Jahr zu wiederholen.

Körperliche und geistige/fachliche Fitness

Gesundheitliche Voraussetzungen

Die Frage nach der gesundheitlichen Voraussetzung sollte nicht nur vor der Ausbildung und vor einem Streckendurchgang gestellt werden. **Diese Frage muss sich ein Atemschutzgeräteträger vor jedem Einsatz stellen.**

Grundsätzlich wird die gesundheitliche Eignung des Feuerwehrangehörigen durch einen ermächtigten Arzt gemäß dem von den Berufsgenossenschaften aufgestellten Grundsatz für die arbeitsmedizinische Vorsorgeuntersuchungen G26 „Atemschutz" festgestellt.

Wenn vermutet wird, das der Atemschutzgeräteträger den gesundheitlichen Anforderungen nicht mehr genügt, z. B. nach einer schweren Erkrankung, ist eine erneute Untersuchung erforderlich. Dies gilt auch, wenn der Atemschutzgeräteträger selbst vermutet, den Anforderungen nicht mehr gewachsen zu sein oder wenn bei der jährlichen Atemschutzübung unter einsatzmäßigen Bedingungen die Mindestanforderungen nicht mehr erreicht wurden. (Abbruch oder Fehlleistung auf dem jährlichen Streckendurchgang.)

Fachliche Voraussetzungen

Es ist zunächst erforderlich, das der Feuerwehrangehörige die Feuerwehr-Grundausbildung gemäß Feuerwehr-Dienstvorschrift FwDV 2/1 „Ausbildung der Freiwilligen Feuerwehr – Rahmenvorschrift" erfolgreich abgeschlossen hat. Erst dann kann er auch nach einer erfolgreichen G26 Untersuchung an einem Atemschutzgeräteträgerlehrgang teilnehmen.

In vielen Feuerwehren wird die Feuerwehr-Grundausbildung grundsätzlich durch die Ausbildung zum Atemschutzgeräteträger ergänzt.

Die Voraussetzung und Anforderung für den erfolgreichen Atemschutzeinsatz sind:

Disziplin, Zuverlässigkeit, Teamfähigkeit

Einsatzkräfte mit Bart oder Koteletten im Bereich der **Dichtlinie von Atemschutzmasken** sind für das Tragen für die bei den Feuerwehren anerkannten Atemschutzgeräten ungeeignet.

Ebenso sind Einsatzkräfte für das Tragen von Atemschutzgeräten ungeeignet, bei denen aufgrund von der Kopfform, tiefen Narben oder ähnliches kein ausreichender **Maskendichtsitz** erreicht werden kann.

Auch Körperschmuck (z. B. Ohrschmuck oder Piercing im Gesicht) kann den Dichtsitz der Atemschutzmaske behindern oder beim An- bzw. Ablegen der Atemschutzmaske zu Verletzungen führen.

Kein Einsatz bei **Krankheit, Alkohol-** beziehungsweise **Medikamenteneinfluß** oder sonstigen Einschränkungen der **Leistungsfähigkeit.**

Zum Zeitpunkt der Übung oder des Einsatzes gesund sein und sich **einsatzfähig** fühlen, sollte sich der Geräteträger.

Inhalte der **UVV** „Feuerwehren", **FwDV 7** und **FwDV2** beachten.

Eine **optimale** Voraussetzung für einen sicheren und unfallfreien Einsatz unter PA ist gegeben, wenn der Feuerwehrangehörige die o. g. Punkte erfüllt, besonders motiviert ist, eine große Übungs- und Einsatzerfahrung hat, nicht nur die Ausbildung zum Atemschutzgeräteträger sondern auch die Ausbildung Truppführer- und Sprechfunkausbildung sowie eine s. g. „Heiß-Ausbildung" auf der Brandsimulationsanlage erhalten hat.

NOTIZEN:

NOTIZEN:

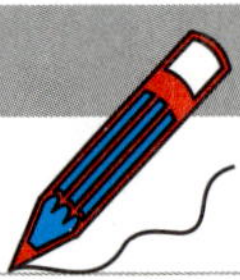

4. Rechtsgrundlagen

Wichtige gesetzliche Grundlagen für den Atemschutz sind:

Ländergesetze, z. B. Bayerisches Feuerwehrgesetz (BayFwG) oder das Hess. Gesetz über den Brandschutz, die Allgemeine Hilfe und den Katastrophenschutz (HBKG), siehe auch andere Bundesländer-Gesetze.

Die Feuerwehr-Dienstvorschrift 7 Atemschutz (FwDV 7)

Weitere Feuerwehr-Dienstvorschriften, z. B. FwDV 3 & 4

Unfallverhütungsvorschriften „Feuerwehren" (GUVB 7.13) und die s. g. Durchführungsanweisungen

Runderlasse der Länderministerien des Innern

Gültige G26 Vorsorgeuntersuchung

Dienstanweisungen z. B. auf Stadt- & Gemeindeebene

Orts-, Gemeinde- und Städtesatzungen
DIN-Normen und Regeln der Technik für den Bereich Atemschutzgeräte

Prüf- und Zulassungsrichtlinien für den Bereich Atemschutz

Atemschutzmerkblatt des Bundesverband der Unfallversicherungsträger der öffentlichen Hand (BAGUV und GUV

Merkblätter der Feuerwehr-Unfallkassen

Gerätebezogene technische Unterlagen der Hersteller von Atemschutzgeräten

Die Feuerwehr-Dienstvorschrift FwDV 7 „Atemschutz" bildet die einheitliche Grundlage für diesen Fachbereich in den Feuerwehren. Diese Feuerwehrdienstvorschrift dient nicht nur für eine einheitliche sondern auch für eine sorgfältige Ausbildung der Atemschutzgeräteträger und schafft auch die Vorraussetzungen für die erfolgreichen und unfallsicheren Übungen und Einsätze, wenn daneben die Grundsätze in diesem Fachbuch berücksichtigt werden.

Darüber hinaus sind in dieser Feuerwehr-Dienstvorschrift Regelungen für die Handhabung und Instandhaltung der Atemschutzgeräte enthalten. Die FwDV 7 ist gegliedert in:

- Bedeutung des Atemschutzes
- Anforderungen an den Atemschutzgeräteträger
- Verantwortlichkeiten und Aufgabenverteilung
- Atemschutzgeräte
- Ausbildung zum Atemschutzgeräteträger
- Handhabung der Atemschutzmasken
- Einsatzgrundsätze
- Instandhaltung der Atemschutzgeräte
- Chemikalienschutzanzug (CSA)
- Ausrüstung der Atemschutzwerkstatt
- Lagern und Verwalten von Atemschutzgeräten

Welche Pflichten hat ein Angehöriger der Freiwilligen Feuerwehr zu erfüllen?

- Durchlaufen der erforderlichen Ausbildung
- Befolgen von Weisungen der Führungskräfte
- Pünktlichkeit bei Alarmen und Übungen, unverzügliche Teilnahme an Einsätzen
- Regelmäßige und pünktliche Teilnahme an Ausbildungsveranstaltungen
- Beachten der Dienstvorschriften und Unfallverhütungsvorschriften
- Tragen der Dienst- und Schutzkleidung
- Verschwiegenheitspflicht
- Pflege der persönlichen Ausrüstung, der Fahrzeuge, der sonstigen Geräte und des Feuerwehrhauses
- Kameradschaftliches Verhalten und Teamfähigkeit, um den Zusammenhalt der Einsatzabteilung zu stärken und dadurch die Voraussetzung für einen gemeinsamen, erfolgreichen Einsatz zu schaffen.

Zusätzlich für Atemschutzgeräteträger:

- Die Ausbildung zum Atemschutzgeräteträger gem. FwDV7.
- Jährliche Übung unter Einsatzbedingungen – Nachweis auf der Atemschutzübungsanlage
- Teilnahme an Untersuchungen der G26

Warum müssen Befehle wiederholt werden?

- Damit die Gewißheit besteht, dass der Befehl richtig verstanden worden ist. Allen Einsatzbeteiligten die Aufgaben, Vorgehensweisen und Ziele bekannt sind.

Zulassung der Atemschutzgeräte

Bei den Feuerwehren dürfen nur zugelassene Geräte verwendet werden. Die Prüfung der Geräte erfolgt bei anerkannten Zulassungsstellen. Die Zulassung spricht im Rahmen der Verwaltungsvereinbarungen der Länder der Innenminister des Landes Nordrhein-Westfalen aus.

NOTIZEN:

NOTIZEN:

NOTIZEN:

5. Verantwortlichkeit und Aufgabenverteilung im Bereich Atemschutz

Der Träger der Feuerwehr ist als Unternehmer für die Sicherheit bei der Verwendung von Atemschutzgeräten verantwortlich. Bei der ordnungsgemäßen Durchführung des Atemschutzes, der Aus- und Fortbildung einschließlich der regelmäßigen Einsatzübungen und der Überwachung der Fristen wird der Unternehmer vom Leiter der Feuerwehr unterstützt.

Der Leiter der Feuerwehr kann die ihm obliegenden Pflichten, insbesondere hinsichtlich der Ausbildung der Einsatzkräfte sowie der Wartung und Prüfung der Atemschutgeräte, an andere Personen übertragen; zum Beispiel an Beauftragte innerhalb der Feuerwehr oder an eine sonstige geeignete Stelle.

Jeder Atemschutzgeräteträger muss – neben der organisatorischen Verantwortung des Leiters der Feuerwehr – aus eigenem Interesse heraus dafür Sorge tragen, dass die regelmäßige Nachuntersuchung innerhalb der vom Arzt festgelegten Frist durchgeführt wird.

Für die Aufgabenverteilung im Atemschutz sind folgende Funktionen vorzusehen:

Funktion	Verantwortungsbereich	Voraussetzungen
Leiter des Atemschutzes	• Beraten des Leiters der Feuerwehr im Aufgabengebiet Atemschutz • Kontrolle der persönlichen Atemschutznachweise • Überwachen des Aufgabengebietes Atemschutz einschließlich der Aus- und Fortbildung	Ausbildung als Atemschutzgeräteträger; Ausbildung als Gruppenführer
Ausbilder für Atemschutzgeräteträger	Durchführen der Aus- und Fortbildung im Atemschutz	Ausbildung als Ausbilder für Atemschutzgeräteträger
Verantwortliche Führungskraft im Einsatz (in der Regel Gruppenführer, Staffelführer)	• Sicherstellen der Einhaltung der Einsatzgrundsätze im Atemschutz • Sicherstellen der Atemschutzüberwachung	Ausbildung als Gruppenführer; möglichst Ausführung als Atemschutzgeräteträger, mindestens Kenntnisse über den Atemschutzeinsatz (insbesondere der Einsatzgrundsätze)
Atemschutzgeräteträger	• Gerätesichtprüfung, Einsatzkurzprüfung vor dem Einsatz • Regelmäßige Prüfung des Luftvorrates bei Isoliergeräten während des Einsatzes • Beginn und Ende des Atemschutzeinsatzes bei der verantwortlichen Führungskraft melden • Veranlassen der Wartung des Atemschutzgerätes (einschließlich des Atemanschlusses) nach Gebrauch in Abstimmung mit dem Fahrzeugführer • Melden festgestellter Mängel	Ausbildung zum Atemschutzgeräteträger
Gerätewart	Überwachen, lagern und verwalten von Atemschutzgeräten • Terminüberwachung • Veranlassen von Geräteprüfungen • Führen des Gerätenachweises	Ausbildung als Gerätewart
Atemschutzgerätewart	wie Gerätewart zusätzlich: • Prüfen, warten und instandsetzen von Atemschutzgeräten • Mitwirken bei der Aus- und Fortbildung im Atemschutz	Ausbildung als Atemschutzgerätewart

NOTIZEN:

NOTIZEN:

6. Atemphysiologie

Die Physiologie ist die Lehre der Lebensvorgänge. Für jeden Feuerwehrangehörigen sind die Kenntnisse von der Atmung, Herztätigkeit und Kreislauf von Bedeutung. Nur wer die Abläufe der lebenswichtigen Vorgänge im Körper begreift und kennt, kann auch die Notwendigkeit des Atemschutzes verstehen. Jeder Feuerwehrangehörige der unter Atemschutz in Brand- und Einsatzstellen eindringen will, muss seine Atmungsorgane schützen, damit über diese keine Schadstoffe in den Körper gelangen und dort Schäden verursachen. Schadstoffe können auch über die Haut aufgenommen werden, aus diesem Grund muss auch der Bereich hautresorptive Stoffe beachtet werden.

Das bedeutet, der Feuerwehrangehörige muss

- die Atemgifte und deren Aggregatzustände kennen
- Kenntnisse über die Atemvorgänge und Wirkung der Atemgifte besitzen
- die Funktion und Schutzwirkung sowie die Handhabung der Atemschutzgeräte kennen und beherrschen.

Die Atmung

Unter Atmung versteht man den Transport von Sauerstoff zu den Lungen und den Abtransport (äußere Atmung) von CO_2 sowie den Transport von O_2 zu den Zellen, den Gasaustausch in den Zellen und den Abtransport von CO_2 zu den Lungen (innere Atmung). Das bedeutet, die Atmung reguliert die Aufnahme von Sauerstoff und die Abgabe von Kohlendioxid. Die Atmung ist ein sich ständig wiederholender Vorgang.

Bedeutung der Atmung

- Ohne Sauerstoff keine Hirntätigkeit !
- Ohne Hirntätigkeit keine Atmung !
- Ohne Atmung kein Leben !

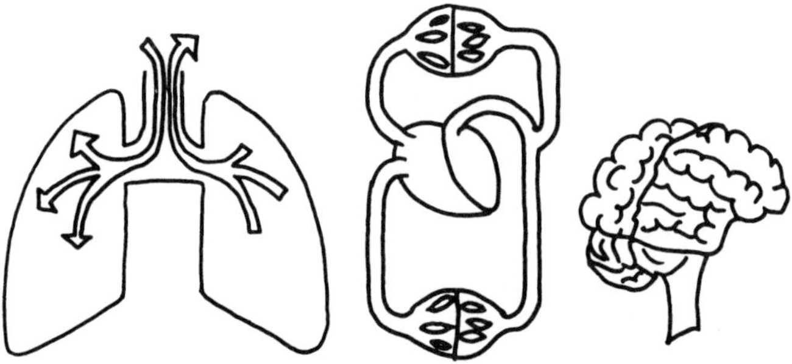

Atmung = Lungenkreislauf
Herz & Kreislauf = Transporteur

Bei der Einatmung wird die Luft über das **luftleitende System (Atemwege)** dem **gasaustauschenden System (Lunge, Zellen)** zugeführt. Bei der Ausatmung wird die sauerstoffarme Luft des gasaustauschenden Systems über die Atemwege abgeführt. Der Bereich des „luftleitenden" Systems (Atemwege) wird auch als Totraum bezeichnet, da in diesem Bereich der Luftwege kein

Gasaustausch stattfindet. Auf dem Weg zu den Alveolen wird die eingeatmete Luft „gereinigt", erwärmt und angefeuchtet. Im Naseneingang fängt die feine Behaarung den groben Staub aus der Einatemluft ab, in der Nasenhöhle und in den unteren Atemwegen wird die Luft durch die Schleimhäute und den feinen Härchen weiter gereinigt, angefeuchtet und gleichzeitig durch die besonders intensive Durchblutung auf Körpertemperatur erwärmt. Die Atmung durch die Nase ist die „bessere" Atmung, da die Reinigung der Einatemluft und durch die bessere Erwärmung die Nasenatmung intensiver ist. Die Einatmung erfolgt bei körperlicher Belastung unter Atemschutzgeräten in der Regel durch den Mund, da der Atemschutzgeräteträger einen großen Luftbedarf hat und somit mehr Luftvolumen einatmet.

Unsere Atemluft setzt sich zusammen aus

Einatemluft:		Ausatemluft:
21%	Sauerstoff	17%
0,04%	Kohlenstoffdioxid	4,04%
78%	Stickstoff	78%
0,96%	Edelgase	0,96%

Daraus ist ersichtlich, dass bei der Atmung 4% Sauerstoff in Kohlenstoffdioxid (CO_2) umgewandelt wird. Ein ausreichender Sauerstoffgehalt ist für das Überleben notwendig. Was passiert wenn nicht genügend Sauerstoff vorhanden ist?

Auswirkungen wenn Sauerstoff fehlt:

>21%	keine Beeinträchtigung der Atmung
13-17%	Ermüdungserscheinung
10-13%	Atemschutz notwendig
8-10%	Bewusstlosigkeit
<8%	Tod

Der Luftverbrauch - Sauerstoffbedarf

Der Luftverbrauch des Menschen ist von vielen Faktoren abhängig und nicht konstant. Der Luftverbrauch wird vom Alter, der zu erbringenden Leistung, der Umgebungstemperatur, dem O_2-Gehalt und der Umluft, sowie von verschiedenen Störeinflüssen bestimmt. Verrichtet der Mensch eine schwere Arbeit, erhöht sich der Sauerstoffbedarf.

Der Luftbedarf des Menschen ist vergleichbar mit einem Feuer. Muss eine Brennstelle eine kleine Leistung erbringen, wird wenig Sauerstoff und wenig Nährstoff benötigt. Muss eine Brennstelle eine große Leistung erbringen, wird viel Sauerstoff und viel Nährstoff benötigt.

Der durchschnittliche Luftbedarf des Menschen in Zahlen:

Situation	**Verbrauch Liter/Minute**
In der Ruhe	8 bis 10 Liter
Bei mittlerer Arbeit	30 bis 40 Liter
Bei schwerer Arbeit	60 bis 70 Liter
Schwerstarbeit	90 Liter und mehr

Die Atemfrequenz und das Atemvolumen!

Situation	**Verbrauch**
In der Ruhe	300 bis 750 cm^3 Atemvolumen je Atemzug 10 bis 16 Atemzüge/Minute
Bei mittlerer Arbeit	750 bis 1500 cm^3 Atemvolumen je Atemzug 16 bis 24 Atemzüge/Minute
Bei schwerer Arbeit	1000 bis 3000 cm^3 Atemvolumen 20 bis 35 Atemzüge/Minute

Die Atemfrequenz, also die Häufigkeit des Atemvorganges, ist vom Lebensalter abhängig:

Erwachsener	ca. 40 Atemzüge/Min.
Jugendlicher	ca. 20 Atemzüge/Min.
Schulkind	ca. 25 Atemzüge/Min.
Kleinkind	ca. 30 Atemzüge/Min.
Säugling, Neugeborene	ca. 40 Atemzüge/Min.

Diese Atemfrequenz (Atemzüge pro Minute) ist **ohne körperliche Belastung!**

Unsere Atmung ist lebensnotwendig!

Der Mensch kann ohne Atmung nur wenige Minuten leben. Eine Störung der Atmung bedeutet LEBENSGEFAHR!

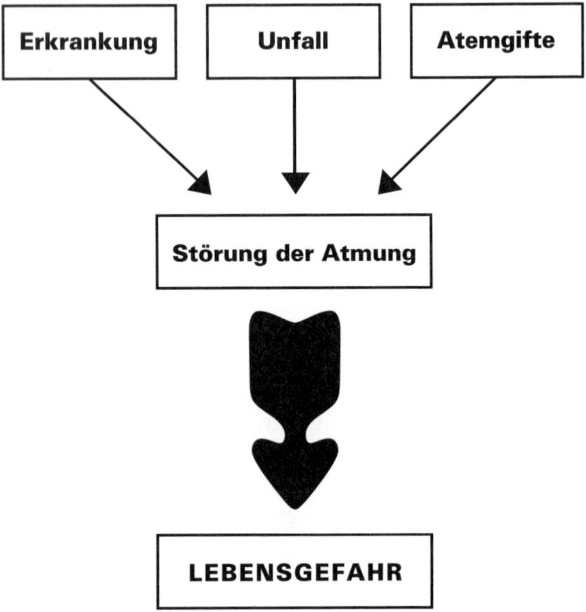

Die Atemwege

Die Atemwege werden in die oberen und unteren Atemwege unterteilt. Die oberen Atemwege bestehen aus dem Mund, der Nase und dem Rachenraum. Der Kehlkopf (Larinx) trennt die oberen Atemwege von den unteren Atemwegen. Die unteren Atemwege bestehen aus der Luftröhre (Trachea), dem Luftröhrenast (Bronchus), kleiner Luftröhrenzweig (Bronchiolus) und den Lungenbläschen (Alveolen).

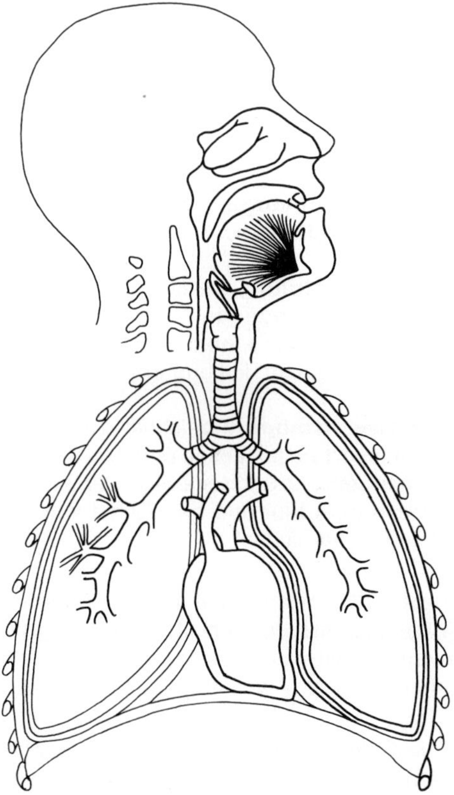

Obere und untere Atemwege mit Brustkorb und Verästelung

Der Atemvorgang

Beim Einatemvorgang wird die Luft über die Atemwege der Lunge zugeführt. Dabei senkt sich das Zwerchfell, das den Brustraum unten hin abschließt, nach unten. Der Brustkorb wird zugleich durch die Zwischenrippenmuskulatur gedehnt. Dadurch entsteht innerhalb des Brustkorbes ein Unterdruck, der dazu führt, dass die Luft über Mund und Nase durch die Luftröhre in die Lunge strömt.

Der gesamte Atemvorgang lässt sich in zwei Einzelvorgänge gliedern:

1. In die **äußere Atmung,** die den Luftwechsel zwischen der äußeren Umgebung, der Lunge und den Gasaustausch zwischen den Lungenbläschen (Alveolen) und dem Blut umfasst.

2. Als **innere Atmung** bezeichnet man den Sauerstofftransport zu den Zellen und den Gasaustausch zwischen dem Blut und den Zellen. Der Gasaustausch zwischen dem Blut und den Zellen wird auch als Zellatmung bezeichnet.

Der Sauerstoff (O_2) gelangt über die Nase- oder die Mundhöhle in die Luftröhre. Von der Luftröhre gelangt O_2 zu den Bronchien und weiter zu den Bronchiolen bis in das Innere der Lungenbläschen (Alveolen).

Durch die Gefäßwände der Lungenbläschen und der Blutgefäße diffundiert O_2 in das Blutgefäß und verbindet sich mit dem Hämoglobin. (Einatmung)

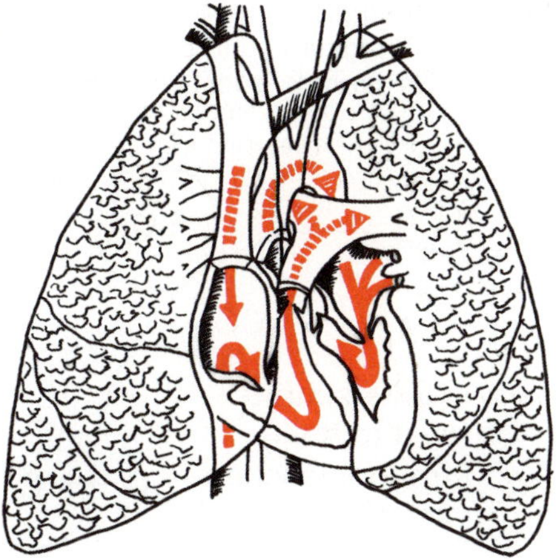

Brustkorb mit Lungenflügel

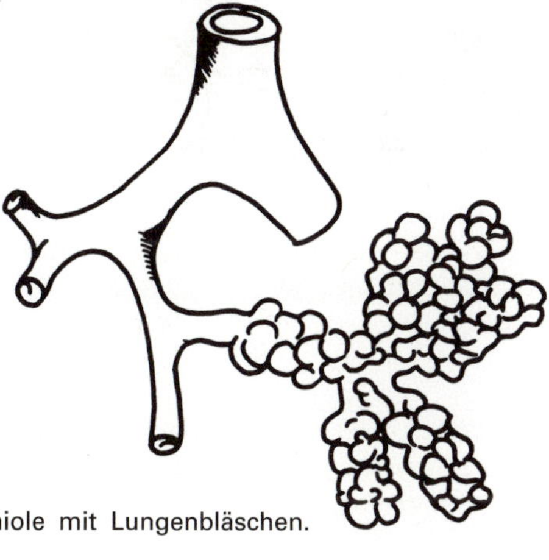

Bronchiole mit Lungenbläschen.

Bei der Ausatmung diffundiert Kohlendioxid CO_2 durch die Gefäßwände der Blutgefäße und die Gefäßwände der Lungenbläschen in das Innere der Lungenbläschen.

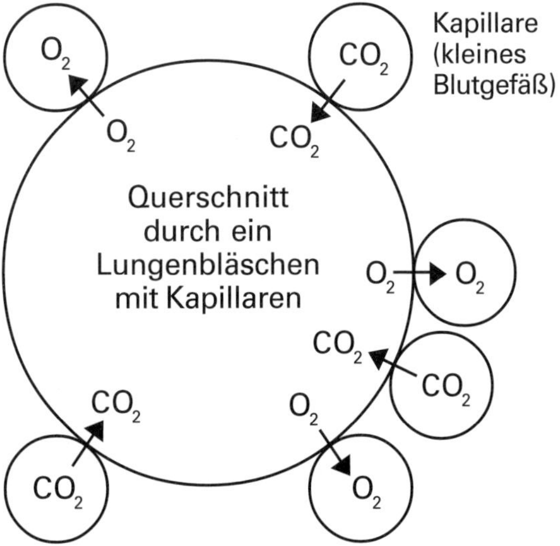

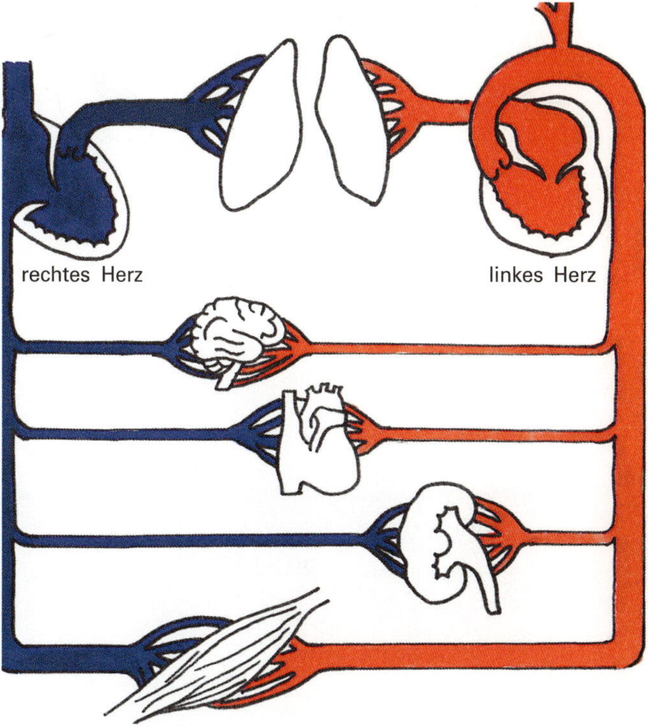

Lungen- und Körperkreislauf

NOTIZEN:

7. Atemgifte

Im Brandrauch sind gasförmige, flüssige und feste Verbrennungsprodukte, die sich aus bis zu fünfzig verschiedenen Schadstoffkomponenten zusammensetzen können, enthalten. Grundsätzlich ist immer mit Kohlenmonoxid (CO), Kohlendioxid (CO_2), Ruß = Kohlenstoff(C) und Wasserdampf zu rechnen. Je nach Zusammensetzung der brennbaren Stoffe, können Blausäure (HCN), Stickoxide (Nitrose Gase (NO_2), Schwefeldioxid (SO_2), Halogenwasserstoffe und andere chemische Verbindungen vorkommen.

Das gleichzeitige Zusammenwirken mehrerer Atemgifte macht Brandgase, Rauch oder Qualm so gefährlich für Menschen und Tiere.

Was sind Atemgifte?

Atemgifte sind in der Luft befindliche Stoffe, die über unsere Atemorgane und/oder die Haut in den Körper eindringen und schädigend wirken.

Die physikalischen Eigenschaften der Atemgifte:

Atemgifte werden nach ihren physikalischen Eigenschaften eingeteilt in:

- Schwebstoffe
- Gase
- Dämpfe

Schwebstoffe (Partikel) sind in der Luft schwebende, kleine und kleinste, feste oder flüssige Teilchen (Staub oder Nebel), die im Gemisch mit Luft „Aerosole" bilden. Sie setzen sich in ruhiger Luft allmählich wieder ab.

Gase sind Stoffe, die bei normalem Druck (1013 mbar) und einer Temperatur von + 20° C im gasförmigen Zustand vorkommen. Der Siedepunkt liegt also unter 20 ° C. (z. B. CO_2 –78C., Methan – 162° C.)

Unter Dämpfe wird der gasförmige Aggregatzustand verstanden, die bei normalen Umgebungsdruck einen Siedepunkt von über 20° C haben. (z. B. Alkohol + 78° C., Benzol + 80° C.)

Aggregatszustände makroskopisch

Fest
Feste Formen und Teile

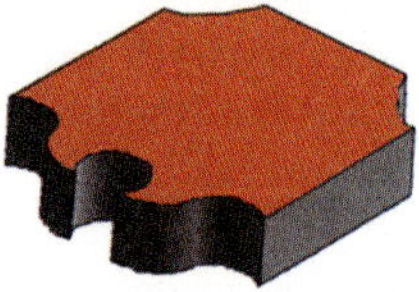

Flüssig
undefinierte Formen, umschlossene Volumen

Gasförmig
undefinierte Formen, umschlossene Volumen

Zusammensetzung von Substanzen

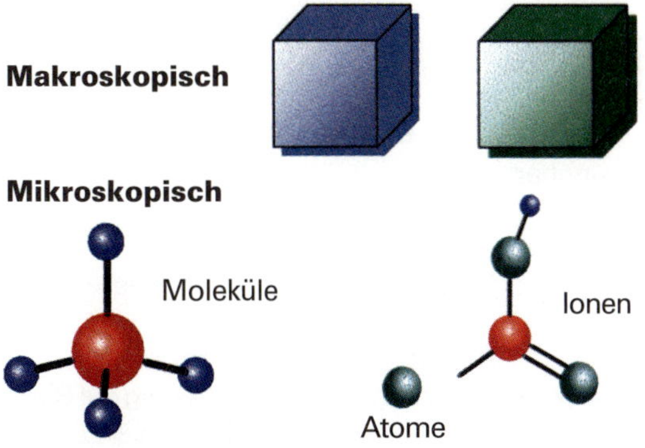

Unterschiedliche Aggregatszustände

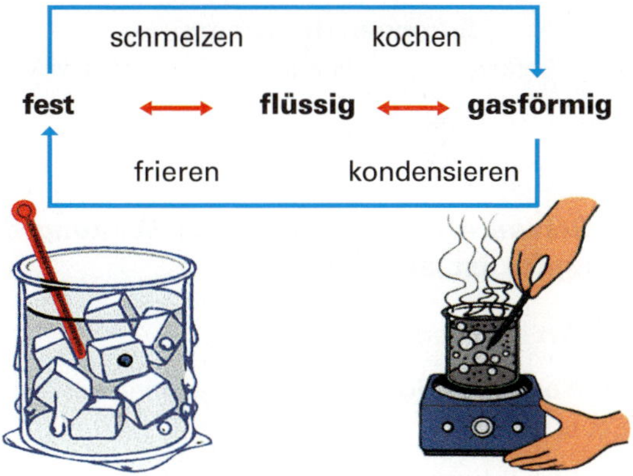

Eigenschaften von Atemgiften

Dichte

leichter als Luft — schwerer als Luft

Brennbarkeit

brennbar — nicht brennbar

Wasserlöslichkeit

wasserlöslich — nicht wasserlöslich

Wirkung auf den Körper

erstickende Wirkung — Wirkung auf Blut, Nerven & Zellen

Reiz- und Ätzwirkung
Wirkung auf Haut/Augen

Erkennen des Atemgifts

Sichtbarkeit — Geruch — Reizwirkung

Die Schwere der schädigenden Wirkung der Atemgifte ist abhängig von:

- der **Art** des Atemgiftes
- der **Konzentration** des Atemgiftes und/oder des Sauerstoffes
- der **Einwirkungsdauer** des Atemgiftes

- dem Luftbedarf des Menschen bei der jeweiligen Belastung = **Menge** des eingeatmeten Atemgiftes
- dem gleichzeitigen Zusammenwirken **mehrerer Schadstoffe/Atemgifte**

Nach ihren **physiologischen Hauptwirkungen,** d. h., nach ihrem schädigenden Einfluss auf die Lebensvorgänge des menschlichen Körpers werden die Atemgifte in drei Gruppen eingeteilt:

1. **Gruppe: Atemgifte mit erstickender Wirkung**
2. **Gruppe: Atemgifte mit Reiz- und Ätzwirkung**
3. **Gruppe: Atemgifte mit schädigender Wirkung auf Blut, Nerven und Zellen**

Bei vielen Atemgiften können zwei oder auch alle genannten Wirkungen gleichzeitig vorkommen.

Vergiftungserscheinungen haben als Auswirkung

- plötzliche Kopfschmerzen
- Schwindel
- Unwohlsein
- unregelmäßiger Puls
- Druckgefühl in den Schläfen
- starken Hustenreiz
- Erbrechen
- Durchfall
- Rauschzustand
- Gleichgewichtsstörung
- Zwangsvorstellung
- Angstzustände
- Bewusstlosigkeit
- Tod **zur Folge!!!**

Die Gruppe 1:
Atemgifte mit erstickender Wirkung

In diese Gruppe gehören die Gase und Dämpfe, die durch ihre Anwesenheit den zur Atmung notwendigen Sauerstoff verdrängen, aber selbst keine direkte Schädigung hervorrufen. Um den Anforderungen im Einsatz gerecht zu werden, sind mindestens 17 Vol.-% Sauerstoff in der Umluft erforderlich. Sauerstoffkonzentrationen unter 15 Vol.-% können zu Konzentrationsschwächen und Bewusstlosigkeit führen. Es gilt folgende Faustregel:

Wenn die Flammen von Holz, Papier und anderer brennbarer fester Stoffe verlöschen, dann ist auch für den Menschen nicht mehr genügend Sauerstoff vorhanden!

Atemgifte mit erstickender Wirkung sind z. B.: Wasserstoff 8H_2), Methan (CH_4), Stickstoff (N_2), Ethan (C_2H_6), Argon (Ar), Neon (Ne), Helium (He)

Beispiel Methan:

Methan (chemische Formel CH_4) ist ein

- farb- und geruchloses, brennbares Gas
- etwas zweimal leichter als Luft
- zu ca. 95% in Erdgas enthalten
- entsteht bei Fäulnis organischer Stoffe
- keine Giftwirkung aber „Ersticken durch Sauerstoffmangel"

Die Atemgifte der Gruppe 1 werden auch als „sauerstoffverdrängende" Atemgifte bezeichnet.

Die Gruppe 2: Atemgifte mit Reiz- und Ätzwirkung

Die lungenschädigenden und wasserlöslichen Atemgifte führen schon bei geringer Konzentration zu einer Reizung der Augen, Schleimhäute, Atemwege und der Haut. Durch diese Reizungen tritt in den meisten Fällen das Warnsystem (Husten, Augentränen u. ä.) unseres Körpers in Aktion, das uns zwingt, den Gefahrenbereich zu verlassen.

Gelangen allerdings solche Stoffe beim Einatmen in die Lungen, so werden sie dort gelöst und führen zur Zerstörung der Lungenbläschen. Es kommt zur Flüssigkeitsansammlung, dem s. g. Lungenödem. Dieses macht sich durch Atemnot und blutigen Auswurf beim Husten bemerkbar. Eine momentan kleine Reizwirkung kann nach Stunden zur schwerwiegenden Schädigung, ja sogar zum Tode führen.

Diese Gefahr besteht besonders bei stärkeren Konzentrationen der Gruppe 2 – Atemgifte wie z. B. Nitrose Gase, Stäube von Ätzkalk, Ätzkali, Ätznatron -, da diese Stoffe aufgrund ihrer nur allmählichen Wasserlöslichkeit zum Teil bis in die Lungenbläschen gelangen und sich erst dort im feuchten Milieu lösen.

Atemgifte mit Reiz- und Ätzwirkung sind u. a.:
Ammoniak (NH_3), Chlor (Cl_2), Nitrose Gase (NO, NO_2, N_2O_3), Chlorwasserstoff (HCl), Brom (Br_2), Salpetersäure (HNO_3), Salzsäure (HCl), Schwefelsäure (H_2SO_4), Flusssäure (HF), Phosgen ($COCl_2$), Phosporwasserstoff (PH_3), Schwefeldioxid (SO_2), alle Säuren mit Ausnahme der Blausäure.

Die Atemgifte der Gruppe 2 werden auch als „lungenschädigende" Atemgifte bezeichnet.

In diesem Bereich der Atemgifte Gruppe 2 spricht man auch von der s. g. **Latenzzeit.** Was ist das? Unter Latenzzeit im Atemschutz versteht man **die Zeitspanne** zwischen dem **Einatmen/Aufnahme** eines Atemgiftes bis zur fühlbaren **Wirkung/Erkennen** auf den menschlichen Organismus. Dieses kann bei bestimmten Stoffen bis zu **48 Stunden** betragen!
Dieses trifft mehr oder weniger auf alle Atemgifte der Gruppe 2 zu.

Beispiel Chlor:

Chlor (chemische Formel Cl_2) ist ein

- nicht brennbares, gelbgrünes und giftiges Gas mit einem sehr stechenden Geruch
- etwa 2,5-mal schwerer als Luft
- findet meist Verwendung in der chemischen Industrie und Schwimmbädern
- ein starker Geruch wird bereits wahrgenommen bevor gefährliche Konzentrationen vorliegen
- Chlor kann zu Husten, Atemnot, Reizungen der Schleimhäute führen
- bei hohen Konzentrationen auch zur Zerstörung des Lungengewebes

Die Gruppe 3:
Atemgifte mit schädigender Wirkung auf Blut, Nerven und Zellen.

Hierbei handelt es sich um die Atemgifte, die auf dem Weg über die Lunge und dem Blut, auf den menschlichen

Organismus schädigend einwirken und vorwiegend Funktionsstörungen hervorrufen.

Blutgifte bewirken hauptsächlich eine Störung der Sauerstoffaufnahme durch das Blut, indem sie den Sauerstofftransport durch das Blut beeinträchtigen.

Nervengifte lähmen oder beeinflussen das Nervensystem negativ, indem sie die Steuer- und Regelfunktionen aus dem Gleichgewicht bringen.

Zellgifte schädigen die Zellen dadurch, dass sie die Sauerstoffabgabe durch das Blut verhindern, oder die Zellen auf andere Weise zerstören.

Die Atemgifte der Gruppe 3 wirken bereits in wesentlich geringeren Konzentrationen als Atemgifte der Gruppe 1 stark schädigend auf den Organismus des Menschen.

Atemgifte mit schädigender Wirkung auf Blut, Nerven und Zellen sind u. a.:

Kohlenmonoxid (CO), Kohlendioxid (CO_2), Blausäure (HCN), Chloroform ($CHCl_3$), Methylalkohol (CH_3OH), Ethylalkohol (C_2H_5OH), Benzol (C_6H_6), Benzine, Cyanwasserstoff, Aceton, Acetylen, usw.

Beispiel Kohlenmonoxid:

Kohlenmonoxid (chemische Formel CO) ist ein

- farb-, geruch- und geschmackloses, sehr giftiges und brennbares Gas
- etwas leichter als Luft

- entsteht bei unvollständiger Verbrennung des Kohlenstoffes
- entsteht bei Schwelbränden in Konzentrationen von ca. 01 bis 0,5 Vol.%
- blockiert die Aufnahme und den Transport von Sauerstoff im Blut, „wie ein innerliches Ersticken zu sehen"
- bis ca. 0,1 Vol.% Kopfschmerzen oder Schwindelgefühl
- ab ca. 0,5 Vol.% und wenigen Minuten Einwirkzeit kommt die Bewusstlosigkeit oder der Tod!!!

Der GEFÄHRLICHE Brandrauch

Der Brandrauch besteht in seinen Hauptbestandteilen aus Kohlenmonoxid, Kohlendioxid, Stickoxiden, Schwefeldioxid, Blausäure, zum Teil aus Teerkondensaten und aus Rußpartikeln.

Der Brandrauch ist ein Gemisch aus festen, gasförmigen und flüssigen Verbrennungsprodukten, der sich je nach Art der verbrannten Stoffe sowie je nach Verbrennungstemperatur und -geschwindigkeit und der Sauerstoffkonzentration bei der Verbrennung aus einer Vielzahl verschiedener Atemgifte in unterschiedlichen Konzentrationen zusammensetzt.

Die Gefährlichkeit des Brandrauches liegt in der Zusammenwirkung verschiedener Atemgifte und in der Zündfähigkeit dieser Atemgifte. Außerdem nimmt der Brandrauch die Sicht und kann zu Panik- und Angstreaktionen bei Menschen und Tieren führen.

NOTIZEN:

NOTIZEN:

8. Schutzkleidung

Einsatzkleidung soll Schutzkleidung sein. Nicht der Besitz von Einsatzkleidung schützt Feuerwehrleute, sondern das richtige Tragen. In den letzten Jahren hat sich auf dem Sektor der Schutzbekleidung viel getan. Dieses auf Seiten der Anbieter, die heute zum Teil mit High-Tech-Materialien arbeiten, als auch auf Seiten der Normungsinstitute, dort wird die Prüfung der entsprechenden Merkmale definiert. Dieser Themenbereich Schutz- & Einsatzkleidung ist ein sehr komplexer Bereich, dieses zeigt die Auflistung der Anforderungskriterien an die Einsatzkleidung:

- Schutz gegen Regen und Löschwasser
- Ausreichender Schutz gegen Strahlungswärme, Flammen (thermische Schäden am Körper) und Funkenflug
- Warnwirkung durch ausreichende Tages- und Nachtauffälligkeit
- Schutz vor Durchdringen von flüssigen Chemikalien (kein Chemikalienschutzanzug)
- Schutz vor Mineralölen und Stäuben/Partikel

Solch eine Qualität und die Anforderungen haben bekanntlich ihren Preis. Die komplette Schutzkleidung (Jacke, Hose, Stiefel, Handschuhe, Helm, Sicherheitsgurt usw.) für einen Feuerwehr-mann/-frau, kostet 800 EURO und mehr. Allerdings sind die Behandlungskosten für einen nach einem Unfall verletzten Feuerwehrangehörigen um ein wesentliches höher. Manchmal kann die Existenz und die Gesundheit auf dem Spiel stehen,

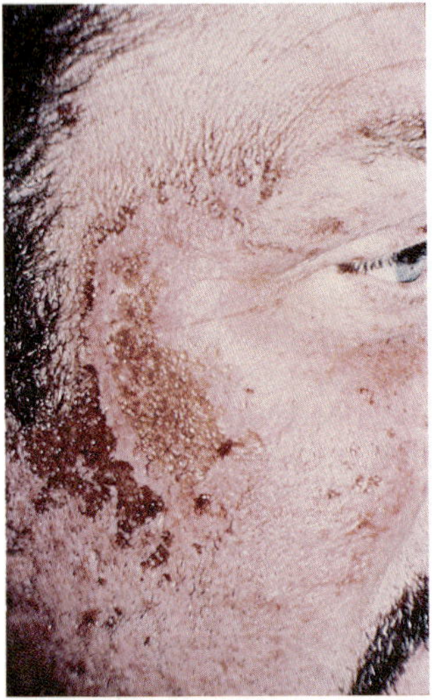

wenn man seinen ursprünglichen Beruf nicht mehr ausüben kann. Und dieses nur als Folge, weil an vernünftiger Schutzkleidung gespart wird oder diese Schutzkleidung nicht richtig getragen wird?

Heute sind die Schutzanzüge wesentlich besser und schützen (kurzfristig) besser gegen hohe Temperaturen und Flammenaufschlag.

Diese höhere Schutzwirkung darf auf keinen

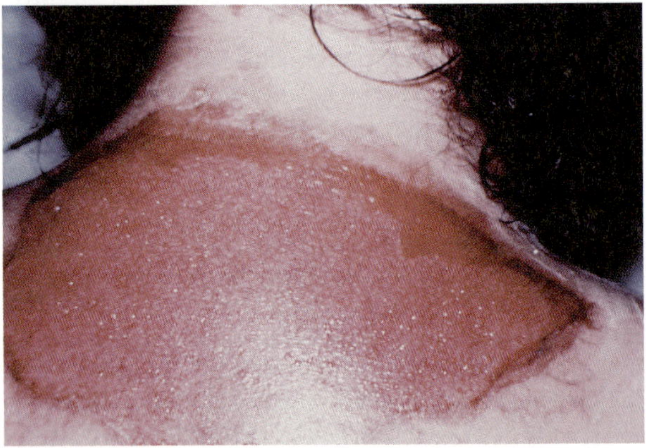

Fall dafür benutzt werden, die Kameraden tiefer in die Einsatzstellen als notwendig vordringen zu lassen, sondern muss in erster Linie dem besseren Sicherheitsniveau dienen!

Die Schutzjacke als „Überjacke" nach HuPF (der Herstellungs- und Prüfungsbeschreibung für Feuerwehrschutzkleidung) soll einen Feuerwehrangehörigen bei einem möglichen Flammenüberschlag schützen. Zur kompletten Ausstattung gehören aber auch die Schutzhose als „Überhose", die entsprechenden Schutzhandschuhe, Sicherheitsstiefel, eine Flammschutzhaube und ein Feuerwehrhelm

Der Brandschutzanzug (Jacke und Hose) mit den entsprechenden Feuerwehr-Schutzhandschuhen, Feuerwehr-Sicherheitsstiefeln und der restlichen Mindestausstattung für einen Angriffstrupp bei einem Brandeinsatz unter Pressluftatmer.

mit Nackenleder oder einem s. g. Hollandkragen. Dieser Hollandkragen wird gerade für Atemschutzgeräteträger unbedingt empfohlen, da er einen besseren Schutz als das Nackenleder bietet!

In der Realbrandausbildung und auch bei Einsätzen konnten wir die Schutzkleidung nach HuPF und nützliche Ergänzungen testen. Bei den recht hohen Temperaturen können die Wärmetauglichkeit sowie die sonstigen Trageeigenschaften gut getestet werden. Insgesamt verhält sich diese Kleidung gut. Die in Feuerwehrkreisen diskutierten Nachteile der Schutzkleidung, können wir zum Teil nachvollziehen. Dennoch sind Aussagen von Kameraden zweifelhaft und Ereignisse wie Verbrühungen, Verbrennungen, Kreislaufkollaps, usw. nicht nur auf die Schutzkleidung zurück zu führen. Oft tragen Feuerwehrangehörige zwar die Schutzkleidung, aber der richtige Umgang und die Vorgehensweise wird nicht umfassend genug vermittelt bzw. gar nicht ausgebildet!

Brandschutzanzüge, Feuerwehrschutzhandschuhe, Kopfschutzhauben und s. g. Hollandkragen sollen die Atemschutzgeräteträger vor thermischen Schäden wie Verbrennungen und Verbrühungen schützen.

Es ist FALSCH wenn man als Atemschutzgeräteträger in Brandsimulationsanlagen oder Übungscontainer mal kurz mit Feuer und Wärme in Verbindung kommt, zu glauben das man nun jedes Feuer „besiegen" kann, das man aufgrund der vermeintlichen „Unverletzbarkeit" durch die o. g. Schutzkleidung jeden Einsatz unbeschadet übersteht.

Die Schutzkleidung kann nur kurz gegen eine Beflammung und thermische Einwirkung schützen. Verbrühungen durch Löschwasser das in brennenden Gebäuden abgegeben wird gibt es häufig! Die schmerzhaftesten äußeren Verletzungen sind Verbrennungen. Verbrennungen und Verbrühungen verursacht durch hohe Temperaturen bringen schwere Schädigungen der Haut und tieferliegener Gewebeschichten mit nachhaltigen sehr negativen Auswirkungen auf den gesamten Organismus mit sich!

Die Schwere der Schädigung hängt von der Temperatur, ihrer Einwirkungsdauer und der Größe der betroffenen Körperfläche ab. **Deshalb, achte auf den richtigen Sitz deiner Schutzkleidung!** Solche körperlichen Schäden gilt es zu vermeiden:

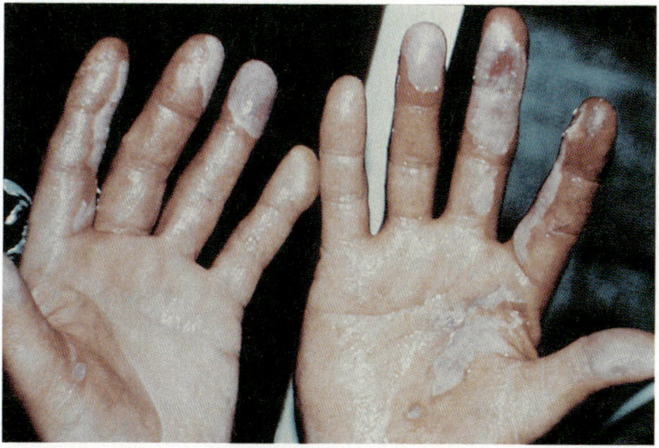

Verbrennung 2. Grades einer Hand.

Verbrennungen oder Verbrühungen entstehen häufig durch die Berührung heißer Gegenstände, Flüssigkeiten, Dämpfe (auch durch Löschwasser) Gase oder offener Beflammung sowie durch den elektrischen Strom, Blitzschlag und auch durch Reibung.

Feuerwehr-Überjacke nach HuPF, gem. EN 469

Nach Herstellerangaben ist die feuerwehr-Überjacke für folgende Umgebungstemperaturen ausgelegt:

- beim normalen Gebrauch: 8 Stunden bei 40° C,
- bei extremen Verhältnissen: 5 Min. bei 250° C,
- im Notfall: 10 Sekunden bei 800° C.

Die Jacke hat einen 5-Schichten-Aufbau. Der Oberstoff besteht in der Regel aus antistatischem Nomex Delta T.

Die schwarzblaue Jacke ist mit gelben, fluoreszierenden 3M Reflexstreifen ausgestattet, die durch einen silberfarbenen, retroreflektierenden Kernstreifen auch bei Nachteinsätzen Sicherheit bieten.

Es ist eine hochgeschlossene Jacke mit verdecktem Metallreißverschluss und zusätzlichem Klettverschluss. Der hohe Umlegekragen ist vorn mit einer Lasche zu schließen. Die eingesetzten Ärmel sind am Saum des Futters mit einem Nomex-Strickbund versehen, durch eine Lasche mit Klettverschluss kann der Ärmel am Saum in der Weite verstellt werden.

Feuerwehr-Überhose nach HuPF

Hier sei nochmals ganz deutlich gesagt, es handelt sich um eine ÜBERHOSE. D. h., es muss immer eine funktionierende, schweissaufnehmende Funktionsunterwäsche getragen werden. Dieses kann auch Sportunterwäsche mit langem Beinkleid oder eine Baumwollhose sein. Es hat sich bei unseren Tests herausgestellt, dass ein Einsatz ohne Unterwäsche teilweise mit Verbrühungen im Achsel- und Rückenbereich endete. Dieses besonders dort, wo die Begurtung des PA aufliegt. Ein Kamerad hatte sogar nach einem Brandeinsatz die Trageriemen der Überhose auf der Haut „abgemalt"!

Die Überhose hat den Vorteil, dass die Schutzwirkung bei einer Stichflamme unter die Einsatzjacke besser ist, als bei bisherigen Feuerwehrbundhosen, die deutlich kürzer im Hüftbereich konfektioniert sind. Ursachen sind meist, dass T-Shirt o. ä. bei geringen Bewegungen aus der bisherigen Feuerwehrbundhose hochrutscht und Körperflächen frei gibt. In Verbindung mit der HuPF-Hose mit der HuPF Überjacke, ist der Oberkörperbereich ab der Hüfte bis zu den Schultern gut geschützt. Die Überlappung liegt im Durchschnitt bei ca. 30 cm!

Feuerwehr-Schutzhandschuhe

Die Schutzhandschuhe sollen nicht nur vor mechanischen Verletzungen nach EN 344 (Schnitt-, Abriebs- und Durchstichverletzungen) schützen, sondern auch vor Wärme und Stichflammen. Einer der Autoren hat sich beruflich jahrelang mit dem Thema Schutzhandschuhe beschäftigt und die kompetente Beratung eines Herstellers in Anspruch genommen.

In vielen Tests gab es mangelhafte bis sehr gute Ergebnisse. Allerdings zeigen diverse Modelle zum Teil erhebliche Schwächen auf. Der Käufer findet ein breites Angebot an textilen- und ledernen Schutzhandschuhen. Hier gilt es immer abzuwägen, welche Schutzziele verfolgt und mit welchen finanziellen Mitteln gearbeitet werden kann. Einige Feuerwehr-Unfallkassen formulieren Empfehlungen gegen Schutzhandschuhe aus Leder. Alle Testhandschuhe aus Leder schrumpften bei extremen Situationen zwar ein, es gibt jedoch Modelle, bei denen vermutlich keine Verletzungen möglich sind.

Die Standard-Brandschutzhandschuhe die zu den meisten HuPF-Schutzanzügen getragen werden, haben meist einen Nachteil: Werden diese Schutzhandschuhe zwischendurch einmal ausgezogen, z. B. zum abtasten einer Tür, lassen dieses sich nur schwer wieder anziehen, da sich das Innenfutter mit herauszieht, obwohl bei diesen Modellen schon Nachbesserungen erfolgten. Im Einsatz verstreicht so kostbare Zeit für die Rettung von Menschenleben, bzw. es können durch nicht richtig angelegte Schutzhandschuhe Verbrühungen die Folge sein. Wichtig ist hier der Einsatz einer Gore-Tex-Membrane, da eine Schweißbildung verringert wird.

Die Feuerwehrkameraden aus Finnland tragen zum Beispiel mehrlagige Elchlederhandschuhe, die auch einen Schutz bieten, im Bereich der Fingergelenke aber keine Luftpolster eingearbeitet haben. Die Gelenke sind so vor Verbrühungen durch Löschwasser (bei gekrümmter Haltung/durch zu enges anliegen der Handschuhe) nicht optimal geschützt.

Bei vielen der getesteten Schutzhandschuhen ist die Feinfühligkeit und bei schweißigen Händen der Effekt des Wärmedurchschlag ein Problem. Eine Verzögerung des Wärmedurchschlag und mehr Isolierwirkung wäre wünschenswert. Die Feuerwehr-Schutzhandschuhe sollen nicht nur gegen Verbrennungen und Verbrühungen schützen, sondern auch die Merkmale der EN 388 (Durchstich-, Abrieb-, Schnitt- und Weiterreißfestigkeit) besitzen.

Erwähnen möchten wir an dieser Stelle noch, dass die Konfektionierung der Kleidung SEHR WICHTIG ist. Die richtige Größe der Jacke, Schutzhandschuhe, Schutzstiefel und Hose nach HuPF ist das A und O! Die Kleidung darf nicht zu klein ausfallen. Es muss viel Luft als Isolierung im Schutzanzug sein. Gerade die Zonen, die beim Vorgehen eng an der Haut anliegen können, wie zum Beispiel „Knie, Ellbogen und Rückenpartie", sollen bei normaler aufrechter Haltung „locker und leger" ausfallen und NICHT eng anliegen. Es gilt auf jeden Fall, den PA niemals zu fest am Körper angurten und vor dem Festziehen der Bänderung die Überjacke „locker und leger" anlegen. Nicht eng, so hat man immer ausreichend Luft unter der Schutzkleidung! Dieses haben sich schon die alten Beduinen in der Wüste zu eigen gemacht und viele Kleidungsstücke mit „Abstand" als Luftpolster gegen die Wärme genutzt! Wer dieses nicht beachtet, kann mit Verletzungen rechnen! Unter der Schutzkleidung spüren wir nicht die tatsächliche Wärmestrahlung. Aus diesem Grunde muss immer der nötige Abstand zur Glut und Flamme eingehalten werden! Es ist darauf zu achten, dass die Handschuhe über die Jacke gezogen werden. Danach sind die Handschuhe mit dem Klettband zu schließen. Die Handschuhstulpen müssen mit dem Verschluss fest geschlossen und über der Jacke getragen werden.

Die Nomex-Kopfschutzhaube

bietet Schutz vor Stichflammen im Hals- und Nackenbereich. Die Haube mit freiem Gesichtsfeld wird im Atemschutzeinsatz mit einer Vollschutzmaske kombiniert getragen.

Die Nomex-Kopfschutzhaube

Der Schalkragen am Feuerwehrhelm

bietet kurzfristigen Schutz der Hals- und Ohrenpartie gegen Verbrennungen.

Der Schalkragen kann mittels Klettverschluss vorne geschlossen werden. Das Material bietet hohe Festigkeit bei geringem Gewicht und kann bei 40° gewaschen oder trocken gereinigt werden. Mit Lochung zur problemlosen Befestigung am Helm. Gewicht ca. 100 g, Einheitsgröße.

Feuerwehrhelme

Feuerwehrhelme, seit 2002 verstärkt in der Diskussion. Es ist darauf zu achten, dass der Feuerwehrhelm der Europanorm EN 443 entspricht. Die Feuerwehrhelme von Atemschutzgeräteträger müssen eine erhöhte Hitzebeständigkeit haben, bestimmte Feuerwehrhelme aus Textil-Phenol-Kunstharze können sich verformen und dadurch zur Gefahr für die betroffenen Feuerwehrleute werden. Durch die Verformung straffen sich die Kinnriemen, in einigen Fällen derart, dass die Gefahr des Erstickens des Helmträgers bestand.

Verschmorter Helm nach einer kurzen Beflammung im Innenangriff

Ein verformter Helm bietet nicht mehr genügend Schutz und bedeutet ein enormes Risiko für den Träger des Helms. Die sogenannte Delaminierung (Trennung von Schichten und Blasenbildung) bei Feuerwehrhelmen aus Textil-Phenol-Kunstharze und die mögliche

Einbeulung des Feuerwehrhelms bzw. der Helminnenausstattung bedeuten eine Gefahr für den Feuerwehrangehörigen.

Bei Versuchen wurde auch festgestellt, das die Kinnriemen und das Ledernacken mehr als fünf Sekunden nach einer Beflammung nachbrannten und wenig thermische Belastbarkeit aufzeigten.

Schwierig wird es, wenn im Brandeinsatz/Innenangriff die Wangenpolster und Zierblenden im Stirnbereich den hohen Temperaturen nicht stand halten und sich nicht nur verformen sondern auch dickflüssig über die Atemschutzmaske laufen.

Für die Brandbekämpfung im Freien ist die Einsatzfähigkeit der Kunststoffhelme nicht in Frage gestellt, für solche Zwecke können diese Helme uneingeschränkt weiter genutzt werden, wie auch der alte Aluhelm nach DIN.

Für Brandeinsätze unter Atemschutz im Inneren von Gebäuden eignen sich nicht alle Kunststoffhelme, hier sind die Hersteller aufgefordert, schnellstens nachzubessern und auch über Rücknahmen nachzudenken.

Prävention zum Schutz unserer Feuerwehrangehörigen ist eine unserer Aufgaben, wir müssen auf richtige Schutzkleidung und Helme achten.

Schutzkleidung, wie soll ich diese denn tragen?

Nicht der Besitz der entsprechenden Schutzkleidung schützt den Feuerwehrangehörigen, zusätzlich ist auch das richtige Verhalten im Einsatzfall wichtig. (siehe hier Abschnitt Einsatzgrundsätze)

Die beste Ausrüstung nützt keinem Feuerwehrangehörigen, wenn diese nicht richtig angewendet und getragen wird. Oftmals werden Fehler gemacht, hier ein Überblick worauf unbedingt zu achten ist:

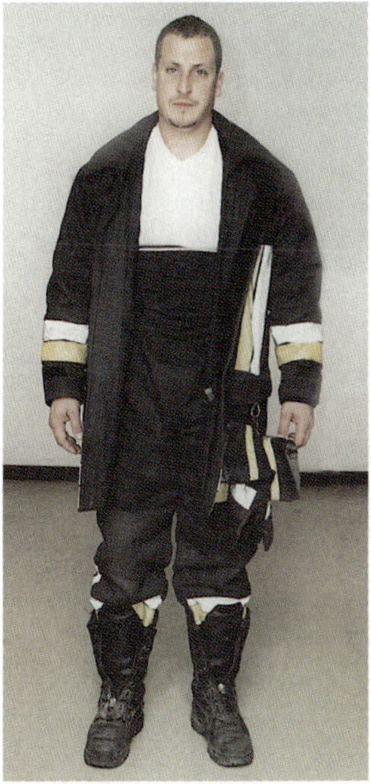

falsch

nicht geschlossene Schutzkleidung und Schutzstiefel

richtig

Die Einsatzkleidung muss vollständig geschlossen werden

falsch

nicht geschlossene Schutzkleidung und offener Kragen

richtig

Der Kragen der Einsatzjacke muss im Atemschutzeinsatz hochgeschlagen und mit dem Klettband geschlossen werden

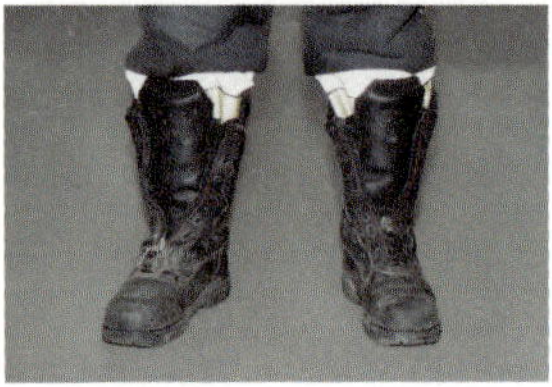

falsch

richtig

Die Überhose muss über den Feuerwehrschutzstiefel getragen werden und die Schutzstiefel müssen geschlossen sein. Es können sonst Glutteilchen in die Stiefel fallen

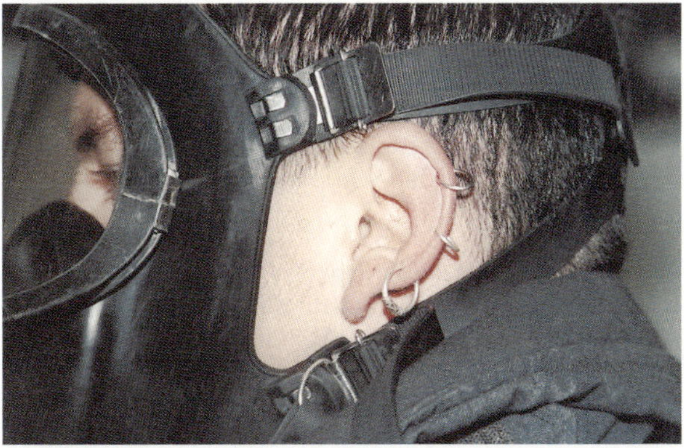

Schmuck wie Ohrringe, große Halsketten und Arm-/Fingerringe sollten im Feuerwehrdienst nicht getragen werden. Hintergrund ist die Verletzungsgefahr durch „verhaken & Temperaturanstieg" des Metalls

So darf ein Feuerwehrhelm nur nach dem Einsatz aussehen. Anschließend muss dieser gereinigt werden. Verrußte Helme mit schädlichen Partikel haben im Spind und im Fahrzeug nichts zu suchen, dieses sind keine Trophäen.

Es hat sich herausgestellt, dass eine Schutzkleidung nicht eng anliegen darf. Es muss ein gewisses Luftpolster im geschlossenen Anzug geben, dieses Luftpolster sorgt auch für eine gewisse Isolation, die ausgenutzt werden muss. Damit die Schutzkleidung auch schützen kann, muss diese auch mit der Ausrüstung (z. B. PA) richtig getragen werden:

Ein Feuerwehrangehöriger der in den Brandeinsatz unter Pressluftatmer geht, sollte sich wie folgt ausrüsten:

Als Erstes werden über die Unterwäsche mit langem Bein- & Armkleid die Überhose und die Stiefel angezogen. Damit nichts hinein fällt, muss die Überhose den Stiefelschaft mehrere Zentimeter überlappen!

Es ist unbedingt darauf zu achten, dass unter dem Brandschutzanzug langes Bein- und Armkleid getragen wird!

Durch das Tragen von Pressluftatemschutzgeräten liegt die Kleidung stellenweise so eng an, dass es zu einem schnellen Wärmedurchschlag kommen kann. Dieses vor allem im Schulterbereich durch die Tragegurte.

Auch der eng anliegende Sicherheitsgurt kann einen Wärmedurchschlag ermöglichen. Um so wichtiger ist es, geeignete Wäsche unter dem Brandschutzanzug zu tragen.

Gerade in den Sommermonaten ist darauf zu achten, dass kein Feuerwehrangehöriger mit einem freien Oberkörper eine Brandschutzjacke im Brandeinsatz trägt!

Dann wird die Einsatzjacke angezogen, der Reiß- und der Klettverschluss komplett geschlossen, an den Armen werden auch die Klettverschlüsse fest aneinander gefügt.

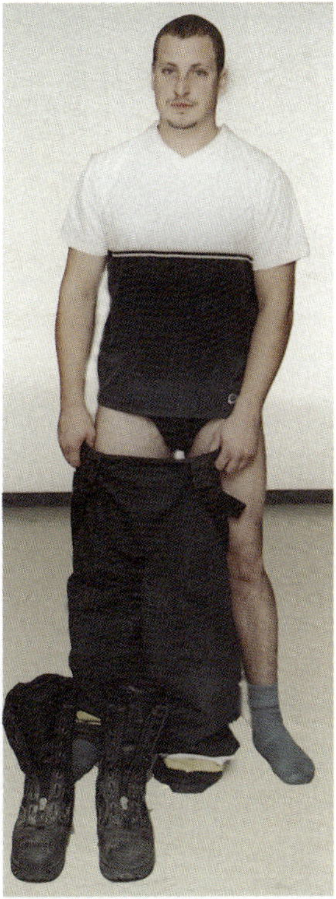

falsch

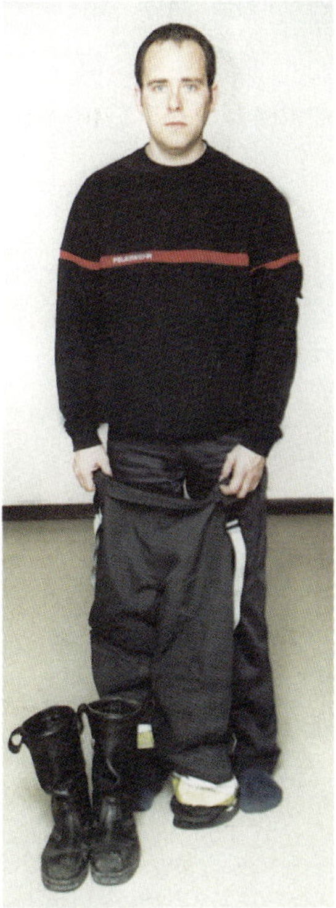

richtig

richtig

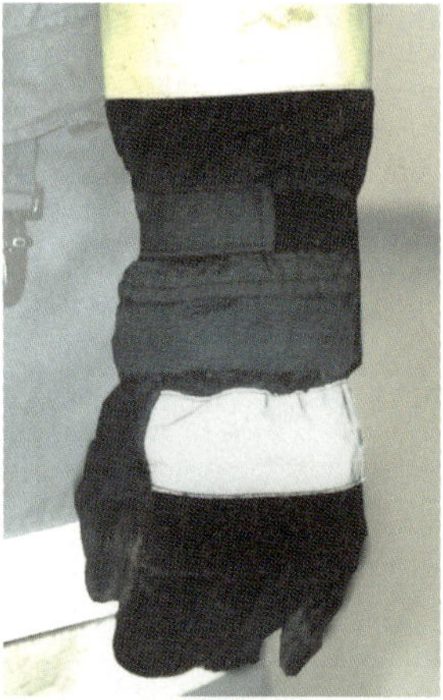

richtig

falsch

richtig

Anschließend wird die Atemschutzmaske angelegt (siehe hier auch das Kapitel Atemschutz-Geräte), nach der Dichtigkeitsprüfung mit zwei Händen wird die Flammschutzhaube und der Hollandkragen geschlossen, anschließend der Kragen des Brandschutzanzug geschlossen. Es ist darauf zu achten, das der Trageriemen der Maske unter dem Kragen liegt, damit ein mögliches verhaken mit dem Trageriemen vermieden wird.

Danach wird der Feuerwehrsicherheitsgurt über der Brandschutzjacke angelegt und geschlossen. Auch hier ist auf einen ordnungsgemäßen Sitz zu achten!

Der Sicherheitsgurt muss über der Schutzjacke getragen werden. Bevor man in ein Feuerwehrfahrzeug einsteigt, wird die Brandschutzjacke geschlossen und dann der Pressluftatmer angelegt. Damit wird verhindert, dass die Jacke durch den Leibriemen des PA nach oben rutscht.

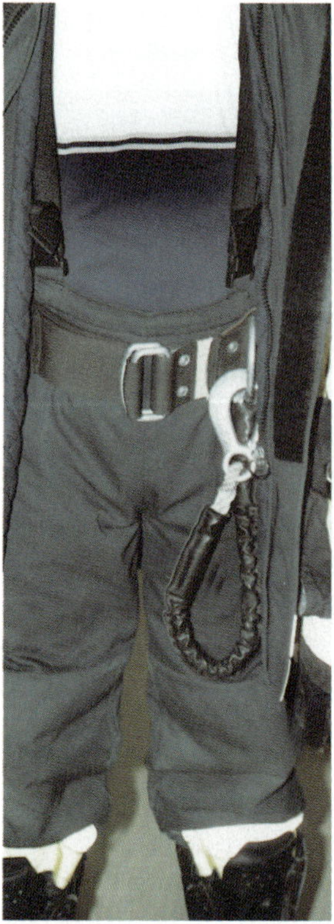

falsch

richtig

Anschließend werden die Schutzhandschuhe angezogen. Es ist darauf zu achten, dass die Handschuhe über die Jacke gezogen werden. Danach sind die Handschuhe mit dem Klettband zu schließen.
Die Handschuhstulpen müssen mit dem Verschluss fest geschlossen und über der Jacke getragen werden.

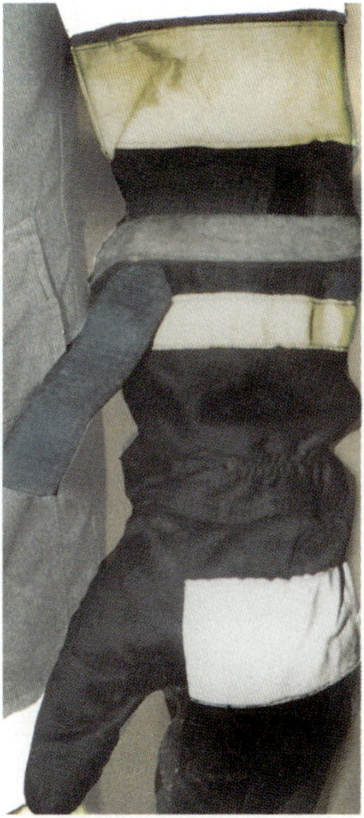

falsch

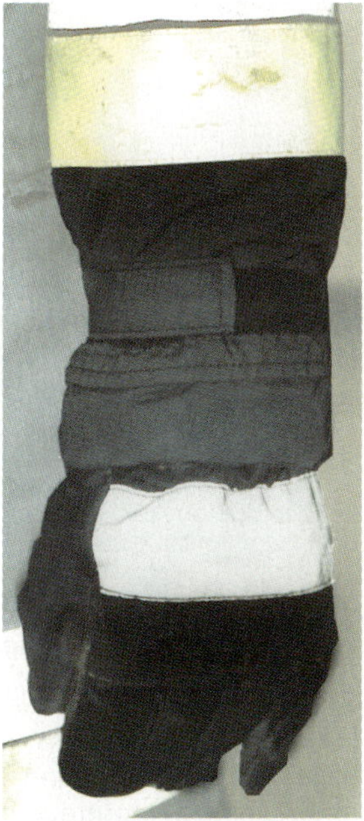

richtig

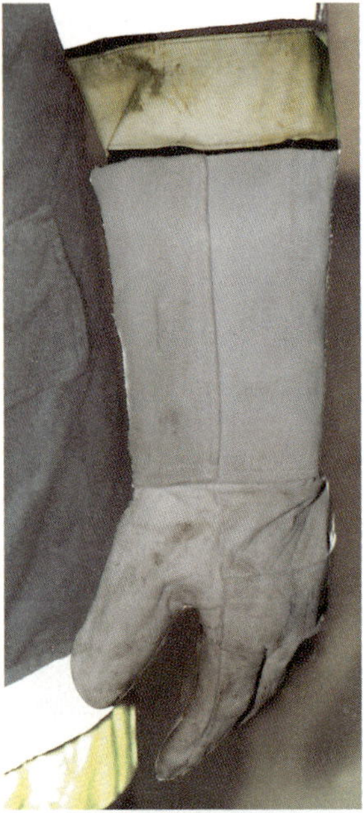
Solche Lederhandschuhe sind für die Brandbekämpfung im Innenangriff nicht geeignet!

Es ist zu beachten, dass trotz korrekter Kleidung, diese Schutzkleidung nicht vor Verletzungen schützt, wenn diese zu klein ist.

Bei zu kurzen Überhosen kann es durchaus passieren, dass das Hosenbein vom Stiefel rutscht und so brennende Teilchen in den Stiefel gelangen.

Verbrennungen und kleine Tänze hat es hier schon oft gegeben. Auch zu kleine Überjacken bringen die Gefahr, dass, wenn der Feuerwehrangehörige gewisse Tätigkeiten ausführt, eine zu kleine Jacke durch eine Streckbewegung den Bereich zwischen Schutzhandschuh und Armende freilegt sowie im Bereich der Hüfte, beim Bücken die Jacke nach oben rutscht.

Hitze- Wärmeschutzkleidung

Die so genannte Hitzeschutzkleidung schützt den Feuerwehrangehörigen in Zusammenwirken mit persönlicher Schutzausrüstung vor gefährlicher Wärmestrahlung. Diese Kleidung schützt nicht vor direkter Flammenbeaufschlagung!

Es gibt verschiedene Arten von Hitzeschutzkleidung, hier die Form 1:

Hitzeschutzkleidung Form 1

Die Form 1 bestehend aus einer Kopfschutzhaube mit Sichtfenster und einem Schulterschutz, sowie Fausthandschuhen mit langen Stulpen, die Haube in Langform mit Schulterschutz, mit goldbedampfter Sichtscheibe aus Polycarbonat, diese zusätzliche Schutzausrüstung wird über dem Brandschutzanzug getragen, z. B. bei „schweren Bränden" wie Tanklastzug- oder Reifenlagerbrand, je nach Abstand zum Brandherd.

Hitzeschutzkleidung sollte auch getragen werden, wenn damit gerechnet werden muss, dass sich austretende oder auslaufende Flüssigkeiten oder Gase entzünden.

Die Hitzeschutzkleidung Form 2 bestehend aus einem Mantel einschließlich einer Kopfschutzhaube mit goldbedampfter Sichtscheibe sowie Dreifingerhandschuhen mit langen Stulpen findet auch bei so genannten schweren Bränden Verwendung.

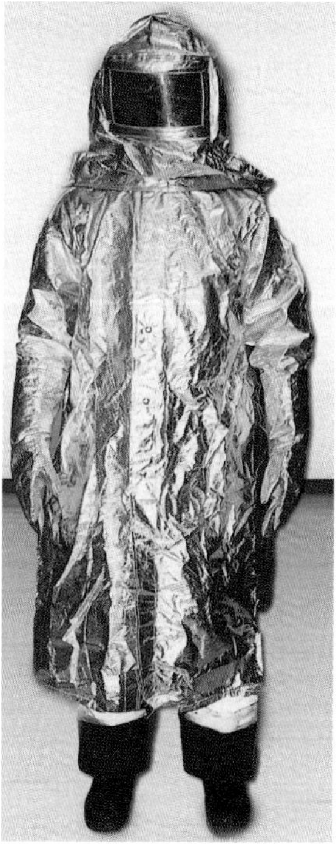

Hitzeschutzkleidung Form 2

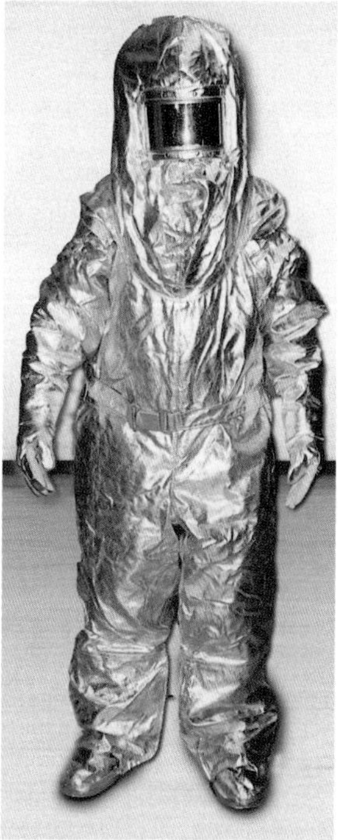

Hitzeschutzkleidung Form 3

Die Hitzeschutzausrüstung Form 3, mit Mantel bietet eine umfassende Schutzwirkung gegen Flammen und Wärme.

Die wesentlichen Anforderungen an die Hitzeschutzkleidung sind in der DIN 14 942 geregelt. Dieses sind: Kopfhaube, Mantel, Anzug, integrierter, ausknöpfbarer Helm, Hose, Fünffingerhandschuhe, Hitzeschutzstiefel, aus glanzverspiegeltem Gewebe oder Gewirke mit nach innen wirkender Dampfsperre und flüssigkeitsabweisender Oberfläche sowie ein Sichtfenster und Packtasche.

Hergestellt aus einem mehrschichtigen Materialverbund aus Glasseide, Alu und einer Wasserdampfsperre.

Die Kopfhaube ist mit einer gebogenen, goldbedampften Sichtscheibe ausgestattet und fest mit der Jacke verbunden. In der Kopfhaube befindet sich ein ausknöpfbarer Helm, der über die Bänderung aller Atemschutzmasken passt. Zur Unterbringung des Pressluftatmers ist eine rucksackartige Ausbuchtung vorhanden. Die Jacke wird durch zwei lange Reißverschlüsse geschlossen.

Die Hose ist mit den Stiefeln fest verbunden und wird einsatzbereit in drei Lagen über die Stiefel gefaltet.

Bei dieser Hitzeschutzkleidung ist mit einem extremen Wärmestau zu rechnen, der AS-Geräteträger erfährt eine extreme Anforderung und der Kreislauf wird stark belastet.

Reinigung der Schutzkleidung

Wie ist es doch so nach manchem Brandeinsatz, stolz tragen die Kameraden ihre erworbenen Lorbeeren mit sich herum. Nach einem Brandeinsatz hat man in manchen Feuerwehrhäusern den Geruch wie in einer Räucherkammer. In der Schutzkleidung sammeln sich Verbrennungsprodukte, die in der Wissenschaft nachweislich als gesundheitsschädlich oder sogar Krebs erregend bekannt sind.

Unterlässt man die Reinigung, riskiert man eine gesundheitliche Schädigung!

Einsatzkleidung sollte nach einem Brand GRUNDSÄTZLICH gereinigt werden. Dieses gilt für die Kräfte, die dem Brandrauch ausgesetzt waren.
Diese Kleidung (Brandschutzjacke und Brandschutzhose, Schutzhandschuhe, Hollandkragen und Brandschutzhaube) sollte auch nicht in die hoffentlich sauberen Löschfahrzeuge mitgenommen werden.

Hängt einmal eine kontaminierte Kleidung im Spind, ist eine Verschleppung von Partikel aus dem Brandrauch hin bis zu den Atemwegen vorprogrammiert.

Die Einsatzkleidung und besonders die Brandschutzkleidung gehört nicht in die private Wäsche. Die verschmutzten Jacken und Hosen können giftige Stoffe und Partikel enthalten. Außerdem reicht die Waschleistung und Temperatur des Wassers um die Kleidung vernünftig zu reinigen, der Haushaltswaschmaschinen vielfach nicht aus.

falsch!!!

Ein Feuerwehrangehöriger steckt seine Einsatzkleidung mit der normalen Wäsche in seine private Waschmaschine!?!

So wird es gemacht: Entweder wird die Einsatzkleidung nach einem Brandeinsatz zu einer Wäscherei gebracht, oder im Feuerwehrhaus in einer Industriewaschmaschine gereinigt und getrocknet. Nicht die kontaminierte Kleidung im Löschfahrzeug mitführen oder im Spind aufbewahren. Gerade die Trocknung bei Temperaturen über 70 Grad Celsius ist wichtig, damit sich das Imprägniermittel richtig vernetzen kann. Auch einige größere Feuerwehren und Werkfeuerwehren bieten Reinigungsdienste für Feuerwehrkleidung an, einfach mal bei den Feuerwehren nachfragen!

Was sollte die optimale und ergänzende Ausrüstung neben der Schutzkleidung eines Trupp unter Pressluftatmer beinhalten?

1. Flammschutzhaube in Kombination mit dem Hollandkragen/Nackenschutz.
2. 2-Meter Funkgerät mit oder ohne Helmsprechgarnitur
3. Holzkeil gem. „Umgangsempfehlungen in diesem Buch"
4. Handscheinwerfer
5. Brechwerkzeug (z. B. Feuerwehraxt)
6. Rettungsmesser
7. Feuerwehrleine
8. Druckführender Schlauch bei Brandeinsätzen
9. Fluchthaube bei einer Menschenrettung
10. Notsignalgerät
11. Ölkreide
12. Rettungsschlinge

* Keine Prioritätenliste, kein Anspruch auf Vollständigkeit, es obliegt den Verantwortlichen der einzelnen Wehren wie es gehandhabt wird, Ergänzungen sind immer möglich.

NOTIZEN:

NOTIZEN:

9. Atemschutzgeräte

Die Feuerwehrangehörigen schützen sich gegen Atemgifte durch Atemschutzgeräte. Dies sind Geräte, die es dem Träger ermöglichen, sich unter Aufrechterhaltung seiner Atmung in gesundheitsschädigender Umgebungsluft aufzuhalten.
Die europäische Norm EN 133 ist an die Stelle der bisherigen DIN-Normen getreten und ist bei der Überarbeitung der FwDV 7 übernommen worden. Daher werden Atemschutzgeräte wie folgt eingeteilt:
Umluftabhängige und umluftunabhängige Atemschutzgeräte:

Einteilung der Atemschutzgeräte

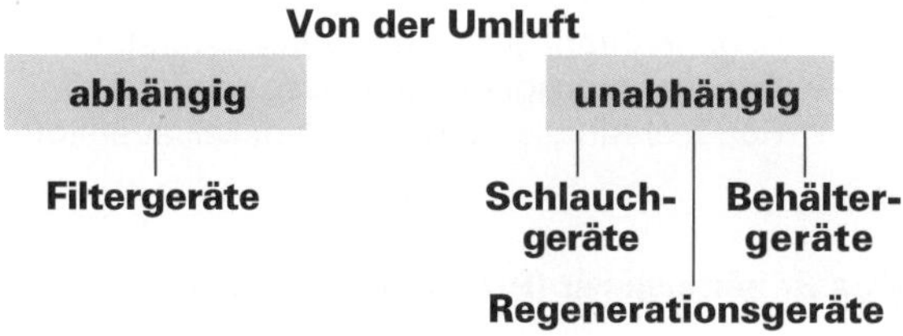

Umluftabhängige Atemschutzgeräte

Die EN133 unterteilt umluftabhängige Atemschutzgeräte in folgende Haupttypen:

1. Nicht frei zutragende Isoliergeräte

1.1 Frischluft-Schlauchgeräte
- Frischluft-Saugschlauchgeräte
- Frischluft-Druckschlauchgeräte mit Handgebläse

- Frischluft-Druckschlauchgeräte mit Motorgebläse

1.2 Druckluft-Schlauchgeräte
- Druckluft-Schlauchgeräte mit Regelventil
- Druckluft-Schlauchgeräte mit Lungenautomat
- Druckluft-Schlauchgeräte mit Lungenautomat und mit Überdruck-Funktion

2. Frei zutragende Isoliergeräte

2.1 Behältergeräte
- Behältergeräte mit Druckluft (Pressluftatmer mit Normaldruck)
- Behältergeräte mit Druckluft und mit Überdruck (Pressluftatmer mit Überdruck)

2.2 Regenerationsgeräte
- Regenerationsgeräte mit Drucksauerstoff
- Regenerationsgeräte mit Flüssigsauerstoff
- Regenerationsgeräte mit Chemikalsauerstoff

Das Behältergerät (Pressluftatmer PA)

Bei PA-Geräten wird der Atemluftvorrat in einem Behälter unter Druck gespeichert, mitgeführt und dem Geräteträger dosiert und mit reduziertem Druck zugeführt.

PA-Geräte machen den Geräteträger unabhängig vom Ort und von der Umluft, aber nicht von der Zeit.

Für den Einsatz bei den Feuerwehren dürfen nur Pressluftatmer mit mindestens 1600 Liter Atemluftvorrat verwendet werden.

Das Gewicht des gebrauchsfertigen Pressluftatmers darf 17,5 kg nicht überschreiten.

Pressluftatemschutzgeräte sind auf dem Rücken tragbare Atemschutzgeräte, mit denen dem Geräteträger verdichtete Luft natürlicher Zusammensetzung aus Stahl- oder Compositeflaschen zugeführt wird. Diese Geräte arbeiten lungenautomatisch ohne Rückgewinnung der Ausatemluft. Die Einatemluft wird aus den Druckluftflaschen über einen Druckminderer und ein atemgesteuertes Ventil entnommen, das die zum Füllen der Lunge erforderliche Luftmenge liefert. Die Ausatemluft wird durch das Ausatemventil der Atemschutzmaske ins Freie abgegeben.

Pressluftatmer sind in allen Einsatzsituationen einsetzbar, wo Geräte des umluftabhängigen Atemschutzes nicht mehr ausreichen. Wegen der relativ geringen Gebrauchszeit von ca. 30 bis 40 Minuten, sind Pressluftatmer an Einsatzstellen mit langen Anmarschwegen (z. B. Tunnel- & Schiffsbrände) nicht geeignet. Für diesen Bereich gibt es s. g. Langzeitatemschutzgeräte. Auch in Überdruckbaustellen sind Preßluftatmer ungeeignet, da durch den Überdruck die Einsatzzeit nochmals um ein Vielfaches verkürzt wird.

Der Pressluftatmer muß mit einer akustischen Warneinrichtung (Restluftwarneinrichtung) versehen sein, die dem Geräteträger wirksam und unmissverständlich das Zuendegehen des Atemluftvorrates anzeigt.

ACHTUNG: Das ist kein „Rückzugssignal" und ersetzt auch nicht den Einsatzgrundsatz „Rückwegluft = doppelte Hinwegluft"

Der Pressluftatmer besteht im wesentlichen aus folgenden Hauptbestandteilen:

1. Tragevorrichtung mit Begurtung
2. Druckluft-Flasche(n) mit Flaschenventil(en)
3. Druckminderer mit Sicherheitsventil und Warneinrichtung
4. Manometerleitung (Hochdruckleitung) mit Manometer
5. Mitteldruckleitung
6. Lungenautomat – atemgesteuerte Dosiereinrichtung ohne und mit Überdruck

Die Trageplatte besteht aus Kunststoff mit gepolstertem Hüftgurt und gepolsterten Schultergurten aus nichtbrennbarem Aramid/Nomex-Material. Das variable Atemschutzgerät ermöglicht wahlweise die Verwendung von ein oder zwei Druckluftflaschen. Der Druckminderer ist am unteren Ende der Trageplatte befestigt. Am Druckminderer befindet sich das akustische Warnsignal. Die Manometerleitung und der Mitteldruckschlauch werden über die Schulter geführt, je nach Gerätetyp.

Die Funktion des Behältergerätes

Die Minderung des Druckes der Atemluft aus den Druckluft-Flaschen erfolgt nach dem Öffnen des Flaschenventils im Druckminderer, z. B. von 300 bar auf einen Mitteldruck von 4,5 bis 9 bar, je nach Gerätetyp.

Vom Druckminderer gelangt die Atemluft durch die Mitteldruckleitung zum Lungenautomaten.

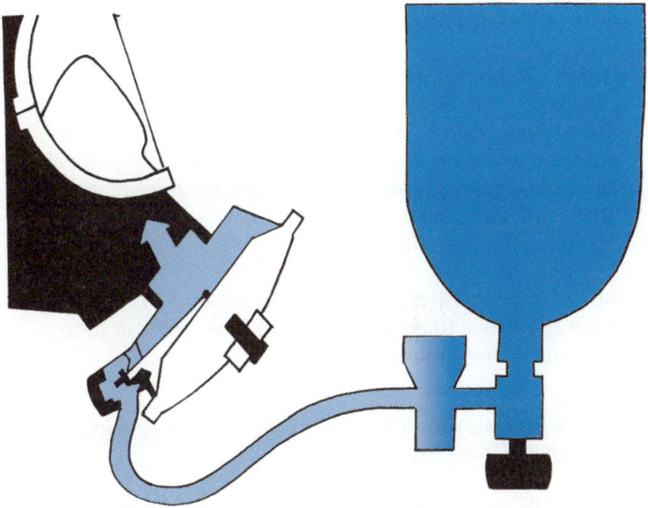

Prinzipschema eines Pressluftatmers

Behältergeräte werden in zwei Versionen angeboten:

Pressluftatmer in Normaldruckausführung

Pressluftatmer in Überdruckausführung

Bei der Version Pressluftatmer in Überdruckausführung ist das Ausatemventil der Atemschutzmaske und der Lungenautomat FEDERBELASTET!

D. h., nur ein Überdruckatemschutzgerät mit einer Überdruckmaske verwenden!

Durch die atemgesteuerte Dosiereinrichtung (Lungenautomat) wird die Menge an Atemluft beim Einatmen, unterstützt durch den atmosphärischen Luftdruck, automatisch dem Bedarf des Geräteträgers angepasst. Ist der Lungenautomat am Tragegestell angebracht, so wird die Atemluft über einen Atemschlauch zum Atemanschluss geführt.

Als Atemanschlüsse in diesem Sinne sind Vollmasken nach EN 136 – 10 zu verwenden. Diese sind mit einem Ein- und Ausatemventil ausgerüstet!

Das Anlegen eines Pressluftatemschutzgerätes und die Handhabung

Die FwDV7 besagt, das die Handhabung der Atemschutzgeräte sich nach dem mit der Zulassungsstelle abgestimmten Gebrauchsanleitungen der Hersteller richtet, soweit dieses nicht durch die zuständige Aufsichtsbehörde anders geregelt wird.

Grundsätzlich gilt:
Der Atemschutz verträgt keine oberflächliche Behandlung.
Jeder Fehler kann nicht nur das eigene, sondern auch das Leben des Kameraden gefährden.
Gewissenhaftigkeit und Kameradschaft sind daher oberstes Gebot!

Die Kurz- und Funktionsprüfung am Pressluftatmer besteht aus:

1. **Sichtprüfung**
2. **Flaschenfülldruckkontrolle**
3. **Hochdichtprüfung**
4. **Überprüfen des Ansprechdruck der akustischen Restluftwarneinrichtung**

Vor dem Anlegen des Pressluftatmers ist seine Betriebsbereitschaft zu überprüfen (Kurz- und Funktionsprüfung!):

1. Sichtprüfung
Sind alle Bestandteile des Atemschutzgerätes vorhanden? *

2. Überprüfung des Flaschenfülldrucks
Das Flaschenventil öffnen, einige Sekunden warten und wieder schließen, den Druck am Manometer ablesen. Der Druck sollte bei einem Zweiflaschengerät 200 bar je

Flasche betragen! Bei einem Einflaschengerät 300 bar! Der Mindestflaschenfülldruck sollte 180 bar betragen (Zweiflaschengerät je Atemluftflasche) bzw. 270 bar (Einflaschengerät).

Bei Zweiflaschengeräten eine Flasche nach der anderen überprüfen. Atemschutzgeräte die weniger als 90% des Nenn-Fülldrucks haben, sind grundsätzlich NICHT für den Einsatz zu verwenden.

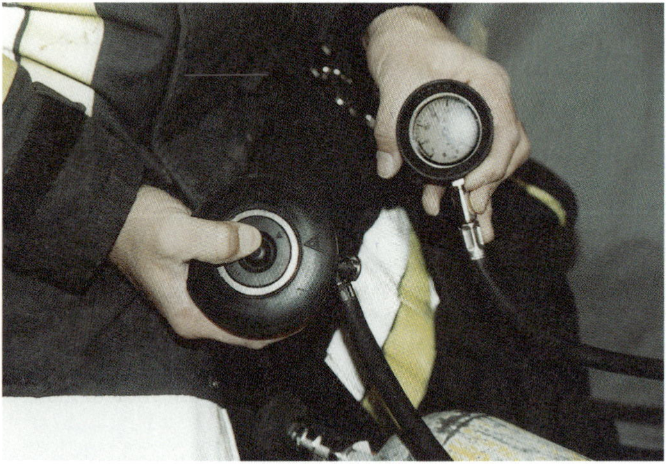

Überprüfung des Flaschenfülldrucks

3. Hochdruck-Dichtprüfung

Der am Manometer angezeigte Druckabfall darf bei geschlossenem Flaschenventil nicht größer als der vom jeweiligen Hersteller angegebene Maximalwert sein.

4. Überprüfen des Ansprechdruck der akustischen Restluftwarneinrichtung

Beim langsamen Entlüften über den Lungenautomat oder den Faltenschlauch, muss bei mindestens 55 +/- 5 bar die Signalpfeife der Restluftwarneinrichtung ertönen.

Diese Reihenfolge muss so eingehalten werden!

Der Entlastungsknopf am Lungenautomat ist kurz zu betätigen, die Atemluft muss hörbar abströmen.

Finger auf dem Druckentlastungsknopf

Lungenautomat MSA Auer

Überdrucklungenautomat Auer

1. Das Anlegen aller Pressluftatmer für den Einsatz wird wie folgt durchgeführt:

- Gerät anlegen, mit dem linken Arm zuerst in den linken Schultertrageriemen einsteigen*
- Flaschenventil bzw. Ventile (Zweiflaschengerät) VOLLSTÄNDIG mit dem Handrad öffnen**
- Helm ablegen, bzw. in den Nacken schieben
- Maske aufsetzen und die Bänderung anziehen

Unbedingt auf den richtigen Sitz der Innenmaske achten.

Die Innenmaske verkleinert den anatomischen Todraum der Atemschutzmaske und verhindert, das die Ausatemluft wieder eingeatmet wird.

Falscher Sitz der Innenmaske

Außerdem wird durch den richtigen Sitz der Innenmaske die Zirkulation der Luft gewährleistet, dadurch wird ein Beschlagen der Scheibe verhindert.

- Maskendichtprobe mit zwei Händen durchführen, dazu mit der einen Hand die Maske halten und mit dem Handballen der anderen Hand die Anschlussöffnung verschließen und einatmen, bis ein leichter Unterdruck entsteht. Hierbei muss die Maske sich selbstständig an das Gesicht anlegen.
- Hat die Atemschutzmaske keinen Dichtsitz, Bänderung nachziehen und die Dichtprobe wiederholen.
- Die Flammschutzhaube anziehen. Den Kragen der Brandschutzjacke nach oben stellen und über der Flammschutzhaube schließen, d. h. die Flammschutzhaube muß unter den Kragen!
- Achtung, dabei ist der Helm zu tragen! Maskenbänderung kontrollieren, darauf achten, daß der Kinn-Nacken-Riemen des Feuerwehrhelmes nicht hinter die Rollenschnallen der Maske kommt, da diese sonst nach vorn gedrückt werden. Selbständiges Lösen der Rollenschnallen verhindern den dichten Sitz der Maske.

So darf die Maske und der Feuerwehrhelm NICHT ANGELEGT sein, hier drücken die Lederriemen des Feuerwehrhelm die Rollenschnallen wieder auf und die Maske hat keinen Dichtsitz mehr!

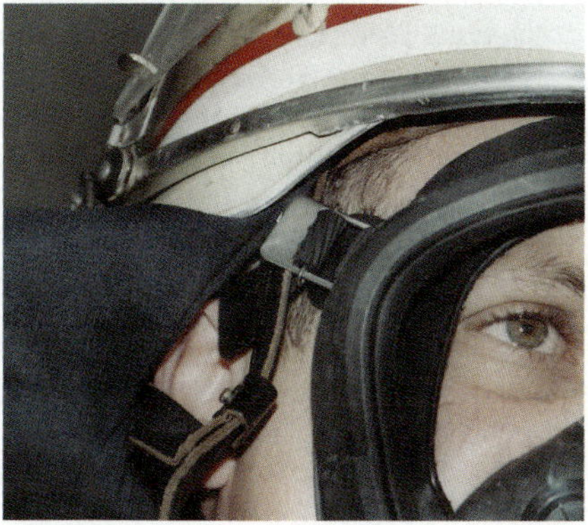

- Helm aufziehen und den Halteriemen des Helms schließen.
- Maskendichtprobe mit zwei Händen durchführen, dazu Anschlussöffnung mit dem Handballen verschließen und einatmen, bis ein leichter Unterdruck entsteht. Hierbei muss die Maske sich selbstständig an das Gesicht anlagen. Hat die Maske keinen Dichtsitz, Bänderung nachziehen und die Dichtprobe wiederholen.
- Flaschenfülldruck ablesen und melden

Merke:
Die Bänderung und der Leibriemen des PA ist kein Ersatz für den Feuerwehr-Sicherheitsgurt. Deshalb dürfen Atemschutzgeräte im Brandeinsatz nur mit Feuerwehr-Sicherheitsgurt getragen werden. Die Bänderung und der Leibriemen sind auch während der Alarm- oder Übungsfahrt kein Ersatz für den Sicherheitsgurt im Feuerwehrfahrzeug!

*** Warum zuerst mit dem linken Arm in den Schultertrageriemen?**

Gerade im Einsatz in Dunkelheit und/oder in räumlicher Enge, läuft man Gefahr, wenn man mit dem rechten Arm zuerst den Schultertrageriemen nimmt, das dann die Schultertrageriemen vertauscht sind und die Bewegungsfreiheit der Mitteldruckleitung mit Lungenautomat und Atemschutzmaske erheblich eingeschränkt sind. Sieht nicht nur blöd aus so ein "schiefer Hals", es wird auf die Dauer auch sehr unangenehm und die Sicht ist erheblich eingeschränkt. D. h., linker Arm in den Schultertrageriemen und die Mittel- sowie die Hockdruckleitung mit Manometer sind links mit genügend Bewegungsfreiheit!

** Warum sollten die Ventile VOLLSTÄNDIG geöffnet sein?

Das „selbstständige" Schließen von Flaschenventilen während des Einsatzes oder der Übung ist möglich! Dieses kann z.B. durch Entlangstreifen des Flaschenventilhandrades an einer Wand passieren.

Gefahr: Flasche kann unbeabsichtigt schließen

Zukünftige Flaschenventile werden eine dreieckige Form haben oder eine Verriegelung des Flaschenventils, damit diese Gefährdung nicht mehr auftreten kann.

Flaschenventile sollten grundsätzlich vor dem Einsatz bzw. der Übung vollständig, d. h. bis zur Endstellung geöffnet werden und anschließend mit einer halben Umdrehung geschlossen werden.

2. Pressluftatmer mit der Maske verbinden:

- Der Lungenautomat bzw. der Faltenschlauch wird außerhalb des Gefahrenbereiches von **einer zweiten Person** in den Atemanschluss eingeschraubt. Durch einige Atemzüge ist zu kontrollieren, ob die Luftversorgung funktioniert und ob die Ausatemluft über das Ausatemventil leicht abgeblasen werden kann.

3. Das Anlegen der Pressluftatmer für Rettungstrupps in Bereitstellung:

- Funktionsprüfung wie unter Punkt 1. durchführen
- Anlegen der Pressluftatmer wie unter Punkt 2.

4. Ablegen der Pressluftatmer nach dem Einsatz:

- Lungenautomat oder Faltenschlauch außerhalb des Gefahrenbereiches von der Maske abschrauben, bzw. vom Kamerad anschrauben lassen!
- Flaschenventile vollständig schließen
- Druck vom Gerät entlasten durch Betätigen des Entlastungsknopf
- Helm absetzen
- Maske abnehmen, Flammschutzhaube auflassen.*
- Helm aufsetzen
- Pressluftatmer ablegen – nicht werfen!
- Pressluftatmer und Atemschutzmaske müssen nach dem Einsatz und Übung in die Atemschutzwerkstatt und von einem Atemschutzgerätewart wieder einsatzbereit gemacht werden.

Merke:
Beim An- und Ablegen des Gerätes wird immer ein Feuerwehrschutzhelm getragen!

Auch die Atemschutzmaske muss bis zum Befehl „Einsatzende" auf dem Kopf behalten werden. Hintergrund ist:

- **ein möglicher zweiter Einsatz unter PA an der Einsatzstelle, mit einer abgesetzten Maske müsste man diese wieder anlegen und eine erneute Maskendichtprobe durchführen.**
- **Mit einem stark erwärmten Gesichtsfeld nach dem Einsatz läuft man Gefahr, beim sofortigen Ablegen der Maske, eine Erkältung zu bekommen.**

5. Erneuter Einsatz der Pressluftatmer nach dem Austausch der Pressluftflaschen:

- Nach dem Austausch der Pressluftflaschen muss am Pressluftatmer eine Kurzprüfung durchgeführt werden.

6. Maßnahme nach dem Einsatz:

- Nach dem Einsatz müssen die Pressluftatmer und Atemschutzmasken durch das Personal einer Atemschutzwerkstatt erneut einsatzbereit gemacht werden.
  Siehe auch Maßnahmen nach dem Einsatz für den Atemschutzgeräteträger.

Helm-Masken-Kombinationen

Bei den Feuerwehren sind auch s. g. Helm-Masken-Kombinationen zugelassen. Diese bestehen aus einem zugelassenen Feuerwehrhelm und einer Vollmaske, die mit zwei Adaptern am Helm befestigt werden. Der Feuerwehrhelm muß dabei nicht abgesetzt werden.

Um bei der Verwendung einer Helm-Masken-Kombination einen einwandfreien Dichtsitz der Vollmaske zu erreichen, muß der Atemschutzgeräteträger auf eine genaue Einstellung seines Feuerwehrhelmes achten. Ein zu lockerer Sitz des Helmes kann im Atemschutzeinsatz zu Undichtigkeiten führen. Ist eine Feuerwehr mit einem bestimmten Helmsystem ausgestattet, ist aufgrund der speziellen Adapter die Verwendung von Vollmasken unterschiedlicher Hersteller NICHT MÖGLICH.

Filtergeräte

Filtergeräte sind **Umluftabhängige Atemschutzgeräte,** die Gase oder Partikel aus der Umgebungsluft zurückhalten. Außerdem sind sie abhängig von der Zeit, da Filter nach einer gewissen Einsatzdauer verstopft, bzw. seine Kapazität aufgebraucht ist. Nicht abhängig sind sie vom Ort, da sie fast überall eingesetzt werden können, wo **genügend Sauerstoff** vorhanden ist. Siehe Anforderung an die Umgebung. Die EN 133 unterteilt die Filtergeräte in drei Gruppen:

1. Filtergeräte gegen Partikel
- Partikelfilter und Atemanschluss
- Filtrierender Atemanschluss gegen Partikel

2. Filtergeräte gegen Gase und Dämpfe
- Gasfilter und Atemanschluss
- Filtrierender Atemanschluss gegen Gase und Dämpfe

3. Filtergeräte gegen Partikel, Gas und Dämpfe
- Kombinationsfilter und Atemanschluss
- Filtrierender Atemanschluss gegen Partikel, Gase und Dämpfe

Bei der Feuerwehr werden nur Filter gegen Partikel, Gase und Dämpfe, also **Kombinationsfilter in Verbindung mit einer Vollmaske** eingesetzt.

Das Filtergerät ist ein Atemschutzgerät, das abhängig von der Umgebungsatmosphäre ist.

An diese Umgebung sind folgende Anforderungen zu stellen:

- Sie muss genügend Sauerstoff enthalten, d. h. mindestens 17%
- Sie darf Giftstoffe nur bis zu einer Konzentration von ca. 5 Vol.-% (5000 ppm) enthalten, sie darf kein Kohlenmonoxid (CO) enthalten und es muss sich um Giftstoffe handeln, gegen deren Art das Filter schützt.
- Keine große Ruß- und Flockenbildung, da sich der Filter sonst sehr schnell zusetzt.

Derartige Vorraussetzungen können jedoch nur im Freien (natürliche nicht immer) und in durchlüfteten, offenen Räumen angenommen werden.

Grundsätzlich gilt: "Die im Feuerwehrdienst verwendeten Filter schützen nicht gegen Kohlenmonoxid"!

Im ZWEIFELSFALL immer UMLUFTUNABHÄNGIGE ATEMSCHUTZGERÄTE tragen.

Atemfilter werden aus einer Zusammensetzung der Kennbuchstaben des Gasfilters, der Gasfilterklassen und bei Kombinationsfiltern zusätzlich der Partikelfilterklasse gekennzeichnet. Zusätzlich sind die Filter noch mit einer genormten Kennfarbe nach EN 141 und 143 versehen. Nach der aktuellen Norm, haben die bei den Feuerwehren gebräuchlichen Filter die Bezeichnungen

Kombinationsfilter EN 141 und EN 143 B2-P3

Bezeichnung	**Bedeutung**
B2	= Mittleres Aufnahmevermögen von Gasförmigen Schadstoffen
P3	= Großes Rückhaltevermögen von festen und/oder flüssigen Teilchen

Das Aufnahmevermögen

Atemfilter werden in Filterklassen eingeteilt. Reine Gasfilter werden nach ihrem Aufnahmevermögen in Gasfilterklassen unterteilt und durch Kennziffern unterschieden. Gasfilter mit kleinem Aufnahmevermögen zählen zur Gasfilterklasse 1, solche mit mittlerem Aufnahmevermögen zur Gasfilterklasse 2 und die mit großem Aufnahmevermögen zur Gasfilterklasse 3.

Die DIN EN 143 befasst sich auch mit Partikelfiltern (diese wurden früher als Schwebstoffe bezeichnet), die in Partikelfilterklassen unterteilt werden. Partikelfilter sind gekennzeichnet durch den Kennbuchstaben P, die Kennziffer für die Partikelfilterklasse und die Farbkennzeichnung.

Das Rückhaltevermögen

Der Partikelfilter

Partikelfilter werden nach ihrem Rückhaltevermögen gegenüber festen und flüssigen Partikeln in der Luft in Partikelfilterklassen unterteilt.

Partikelfilterklasse P1 hat ein kleines Rückhaltevermögen und schützt gegen feste Partikel, die Partikelfilterklasse P2 ein mittleres Rückhaltevermögen und schützt gegen feste und flüssige Partikel und die Partikelfilterklasse P 3 ein großes Rückhaltevermögen und schützt gegen feste und flüssige Partikel. Die höhere Partikelfilterklasse schließt den Schutzanzug der niedrigeren Partikelfilterklasse ein. In einem Partikelfilter werden die Teilchen auf mechanischem Wege aus dem Strom der Einatemluft "herausgesiebt". Als Filtermaterial kommen Schichten aus natürlichen oder synthetischen Faserstoffen zur Verwendung.

Je dichter das Filtermaterial ist, desto größer ist das Rückhaltevermögen. Siehe Einteilung der Filterklassen.

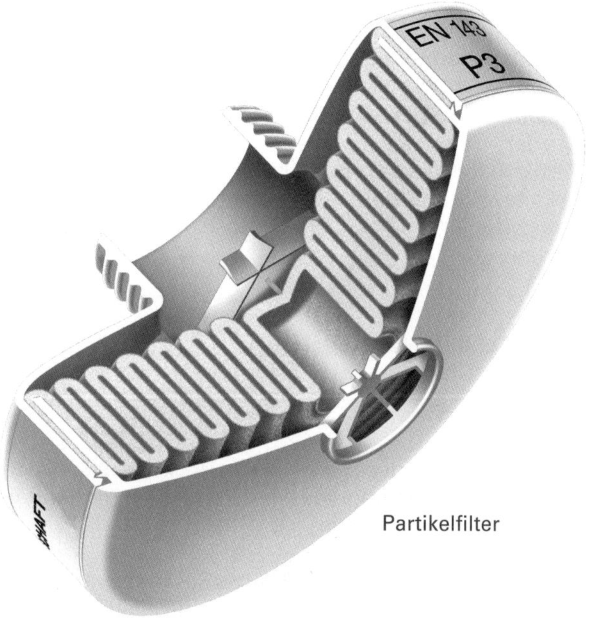

Partikelfilter

Der Gasfilter

Zur Filterung gasförmiger Stoffe ist ein Filtermaterial mit größtmöglicher Oberfläche notwendig. Hierzu ist die Aktivkohle gut geeignet. Aktivkohle ist in der Lage, Giftstoffe an der Oberfläche anzulagern, zu absorbieren.

Dies wird dadurch erreicht, das die Aktivkohle sehr dicht gepackt wird und die Moleküle der einströmenden

Atemgifte sich durch diese dichte Schicht bewegen müssen und dabei die Aktivkohle berühren, gebremst und festgehalten werden. Dabei werden die freien Bindungskräfte wirksam und halten die Atemgiftmoleküle an der Oberfläche fest. Dieses ist die s. g. Adsorption. Ein Teil der Atemgifte, der durch Adsorption nicht ausgefiltert werden kann, muss auf chemischen Wege aus der Einatemluft entfernt werden. Hierzu wird ein Imprägniermittel in die Aktivkohle gegeben. An diesem Imprägniermittel werden die Atemgiftmoleküle chemisch gebunden, so dass eine neue Verbindung vorliegt, die von der Aktivkohle aufgenommen wird. (Absorption)

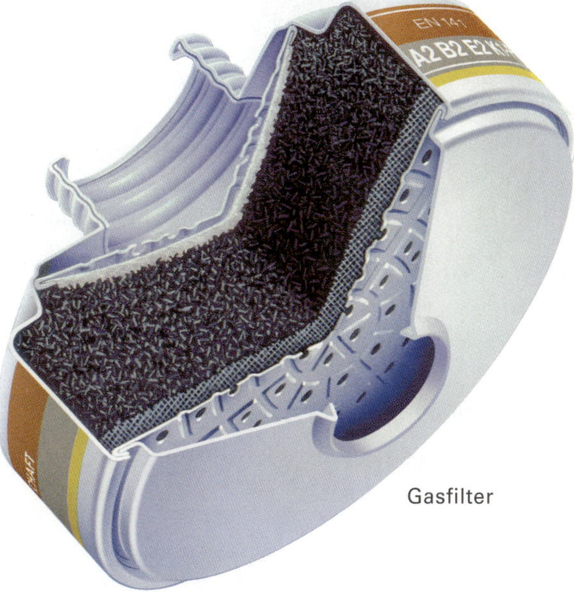

Gasfilter

Der Kombinationsfilter

Bei der Feuerwehr wird der B2-P3-Filter und ABEK 2-P3 Filter verwendet. Die Filterfüllung besteht aus einer Partikelfilterschicht der Partikelfilterklasse P3 und einer Aktivkohlepackung.

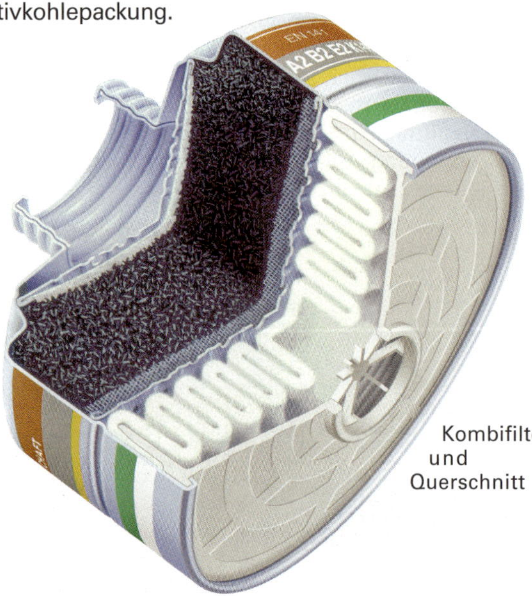

Kombifilter
und
Querschnitt

Der Kombinationsfilter besteht aus

- Verschlussstopfen
- Gasfilter
- Partikelfilter
- Rundgewindeanschluss
- Möglichkeit für den Lufteintritt

Filterkennzeichnung und Hauptanwendungsgebiete der verschiedenen Atemfilter nach DIN 3181 bzw. EN 141/143:

Kennfarbe	Filtertyp	Hauptanwendungsgebiet
braun	AX	Gase und Dämpfe von niedrigsiedenden organischen Verbindungen (Siedepunkt < 65° C)
braun	A	Gase und Dämpfe von organischen Verbindungen (Siedepunkt > 65° C)
grau	B	Anorganische Gase und Dämpfe z. B. Chlor, Schwefelwasserstoff, Blausäure
gelb	E	Schwefeldioxid, Chlorwasserstoff, Salzsäure
grün	K	Ammoniak und organische Ammoniakderivate, Formaldehyd
schwarz	CO	Kohlenstoffmonoxid
rot	Hg	Quecksilberdampf
blau	NO	Nitrose Gase einschließlich Stickoxide
orange	Reaktor	Radioaktives Iod einschließlich radioaktivem Iokmethan
	P	Partikel

Bei der Feuerwehr finden überwiegend Kombinationsfilter Anwendung. So z. B. der Kombinationsfilter A2B2E2K2Hg-P3

	A2 B2 E2 K2 Hg P3	Kombinationsfilter

Die Ziffern auf den Filtern geben die Filterklassen wieder

Gasfilter

Filterklasse **1**	eine maximal zulässige Schadstoffkonzentration von 0,1 Vol.-%
Filterklasse **2**	eine maximal zulässige Schadstoffkonzentration von 0,5 Vol.-%
Filterklasse **3**	eine maximal zulässige Schadstoffkonzentration von 1,0 Vol.-%

Staub-/Partikelfilter

P 1	Schutz gegen feste Partikel, maximal zulässige Schadstoffkonzentration 5-facher MAK-Wert
P 2	Schutz gegen feste und flüssige Partikel, maximal zulässige Schadstoffkonzentration 10-facher MAK- oder TRK-Wert
P 3	Schutz gegen feste und flüssige Partikel, maximal zulässige Schadstoffkonzentration 200-facher MAK- oder TRK-Wert

Regenerationsgeräte

Regerationsgeräte sind frei tragbare Atemschutzgeräte, in denen der Sauerstoffvorrat mitgeführt wird und die Ausatemluft von Kohlendioxid (CO2) befreit wird.

Im Feuerwehrdienst wird je nach Sauerstoffvorrat unterschieden in

- Regenerationsgeräte mit Drucksauerstoff, s. g. Sauerstoffschutzgeräte und
- Regenerationsgeräte mit chemisch gebundenen Sauerstoff, s. g. Chemikalsauerstoffschutzgeräte.

Regenerationsgeräte geben die verbrauchte Atemluft nicht an die Umgebung ab, sondern führen sie über einen zweiten Schlauch in eine Patrone, in der sie mit Sauerstoff aus mitgeführten Druckflaschen auf einen Sauerstoffgehalt von 21% ergänzt wird. Die so regenerierte Luft, kann dann wieder eingeatment werden. Der Vorteil dieser Lösung ist die verlängerte Einsatzzeit, dieser Vorteil wird mit einem extrem höherem Wartungsaufwand und höheren Kosten erkauft. Der große Aufwand entsteht durch den Einsatz der Regenerationspatrone, die nach jedem Einsatz zusätzlich zum Füllen der Sauerstoffflaschen gewartet werden muß. Aufgrund der hohen Kosten sind diese Geräte derzeit noch äußerst selten und meist bei den Feuerwehren an den Strecken der ICE-Tunnel und der Berufsfeuerwehr vorhanden.

Das Schlauchgerät

Schlauchgeräte sind im Aufbau und in der Wirkungsweise die einfachsten Geräte des umluftunabhängigen Atemschutzes. Der Geräteträger erhält die Atemluft über einen Schlauch zugeführt. Diese Atemluft besteht aus normaler Atemluft (Frischluft) und macht den Geräteträger unabhängig von der Umgebungsatmosphäre.

Bei einem Schlauchgerät ist der Geräteträger unabhängig von der Zeit, aber abhängig vom Ort.

Nach der Art der Luftversorgung werden die Schlauchgeräte in

Frischluft-Schlauchgeräte und
Druckluft-Schlauchgeräte

eingeteilt.

Diese Gerätetypen werden hier nicht näher behandelt, denn:

Schlauchgeräte eignen sich nicht als Einsatzgeräte bei der Feuerwehr auf Brandstellen und dort, wo die Schlauchleitung durch herabfallende Gegenstände oder Chemikalien gefährdet sind.

Der Lungenautomat

Der Lungenautomat besteht aus

- Lungenautomaten-Deckel
- Membran
- Schleppstift
- Schraubring
- Schaltknopf
- Schutzkappe
- Anschlussstutzen
- Masken-Anschlußstück

Lungenautomaten und Atemanschlüsse für **Normaldruck-Pressluftatmer** sind mit einem Rundgewindeanschluß versehen. Damit es zu keiner Verwechslung beim Einsatz kommt, sind beim **Überdruck-**

Lungenautomat der Fa. MSA Auer

Pressluftatmer die Anschlüsse für den Atemanschluss und den Lungenautomaten mit einem **Spitzgewinde** nach EN 148-3 ausgestattet.

Bei Pressluftatmern mit Normaldruck stellt sich während des Einatemvorgangs in der Maske ein Unterdruck und während des Ausatemvorganges ein Überdruck ein.

Bei Pressluftatmern mit Überdruck hingegen, wird auch während des Einatemvorganges ein geringer Überdruck (ca. 3,5 mbar) im Inneren der Maske aufrecht erhalten. Dadurch wird das Eindringen von Schadstoffen in die Maske verhindert, es kann nur eine nach außen gerichtete Leckage eintreten. ACHTUNG, es geht dann Atemluft verloren! Wenn solch eine Situation eintritt, der Atemschutzgeräteträger nicht seinen Flaschenfülldruck im Einsatz kontrolliert, kommt es zu einer möglichen lebensbedrohlichen Situation: Keine Atemluft mehr vorhanden!!!

Der Atemanschluss (Atemschutzmaske)

Atemschutzmasken müssen für den Einsatz bei der Brandbekämpfung und der Hilfeleistung der europäischen Norm EN 134 entsprechen.

Der Atemanschluss ist der Teil eines Atemschutzgerätes, der das Gerät mit den Atemorganen des Geräteträgers verbindet. Nach der DIN EN 134 werden folgende Atemanschlüsse unterschieden:

- Vollmasken
- Hauben = Fluchthauben
- Blusen = Atemschutzanzüge
- Halbmasken
- Mundstückgarnituren

Im Einsatzdienst der Feuerwehr sind Vollmasken zu benutzen und in besonderen Einsatzsituationen Schutzanzüge. Auch Fluchthaben werden teilweise zum Zwecke der Menschenrettung auf den Fahrzeugen mitgeführt.

Atemschutzmasken – Vollmasken

Vollmasken bestehen im wesentlichen aus folgenden Hauptteilen:

Maskenkörper mit
- Dichtrahmen
- Kopfbänderung (Spinne)
- Trageband
- Sichtscheibe
- Anschlussstück mit Ein- und Ausatemventil und Vorkammer
- Sprechmembran
- Innenmaske mit Steuerventilen

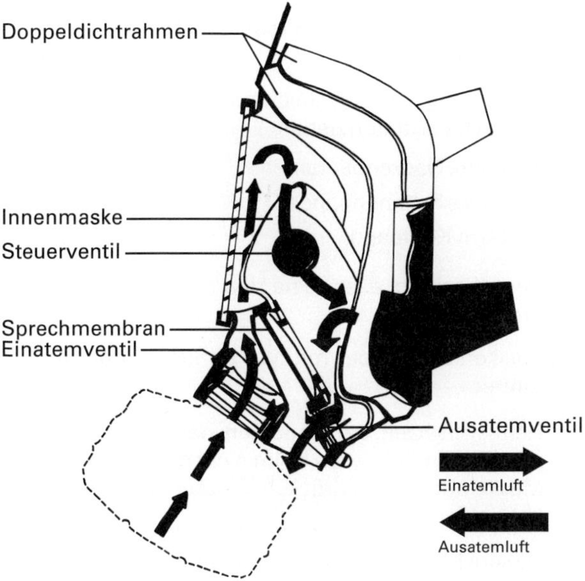

Das Auf- und Absetzen der Atemschutzmaske

Vorgehensweise beim Aufsetzen

1. Helm absetzen.
2. Trageriemen umhängen.
3. Bänderung mit beiden Händen greifen.
4. Kinn in die Kinntasche legen und Bänderung über den Kopf streifen.
5. Kopf mit der Maske in den Nacken legen.
6. Auf den vollständigen Sitz der Maske und Innenmaske achten.
7. Bänderung wie folgt gleichmäßig auf beiden Seiten nach hinten ziehen
   a) beide Nackenbänder
   b) beide Schläfenbänder
   c) Stirn/Kopfband.
8. Darauf achten, dass keine Haare unter dem Dichtrahmen sind.
9. Maskendichtprobe* mit zwei Händen** durchführen.
10. Helm aufsetzen, darauf achten, dass die Riemen und Bestandteile vom Helm nicht die Schnallen der Maske nach vorne drücken. Maskenbänderung*** kontrollieren.
11. Zweite Maskendichtprobe durchführen!

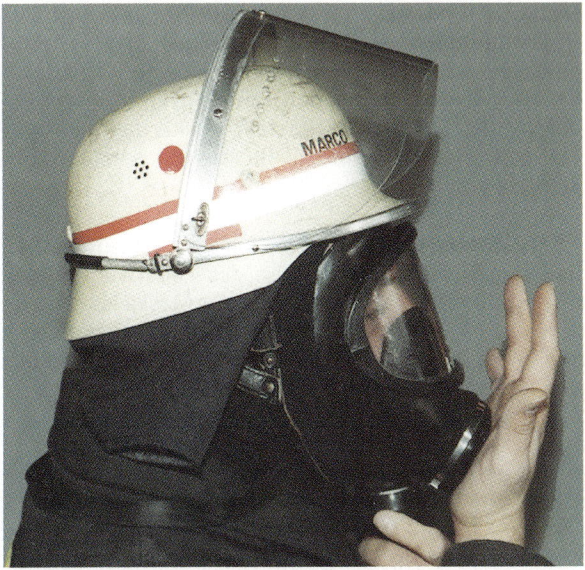

Maskendichtprobe mit zwei Händen

***Maskendichtprobe** mit zwei Händen durchführen, dazu Anschlussöffnung mit dem Handballen verschließen und einatmen, bis ein leichter Unterdruck entsteht. Hierbei muss die Maske sich selbstständig an das Gesicht anlegen. Hat die Maske keinen Dichtsitz, Bänderung nachziehen und die Dichtprobe wiederholen.

** * **Warum mit zwei Händen?** Es kommt immer wieder vor, das Geräteträger nur mit einer Hand eine Maskendichtprobe durchführen und dadurch die Maske bei der

Dichtprobe andrücken und somit einen Maskendichtsitz feststellen der aber keiner ist. Es muss die Maske mit einer Hand im Kinnbereich gehalten werden und mit dem Handballen der zweiten Hand wird eine Dichtprobe durch EINATMUNG festgestellt. Sollte das nicht der Fall sein, muss erneut die Bänderung nachgezogen werden.

***__Maskenbänderung__ kontrollieren, darauf achten, daß der Kinn-Nacken-Riemen des Feuerwehrhelmes nicht hinter die Rollenschnallen der Maske kommt, da diese sonst nach vorn gedrückt werden. Selbständiges Lösen der Rollenschnallen verhindern den dichten Sitz der Maske.

Vorgehensweise beim Absetzen der Atemschutzmaske, dieses nur nach dem Befehl „Einsatzende":

1. Lungenautomat von einer zweiten Person abschrauben lassen
2. Helm öffnen und absetzen
3. Bänderung lösen
4. Maske am Anschlussstück fassen und langsam nach oben abziehen
5. Helm aufsetzen, je nach Situation und Witterung Flammschutzhaube anziehen oder Hollandkragen schließen. (Erkältungsgefahr)
6. Atemschutzmaske versorgen

Fluchthaube

Bei den Feuerwehren werden zum Teil Fluchthauben auf den Fahrzeugen mitgeführt, um eingeschlossene Personen, die nicht mehr über rauchfreie Rettungswege ins Freie gelangen können, in Sicherheit zu bringen.
Bei diesen Hauben handelt es sich ausschließlich um Fluchtgeräte, sie dürfen nicht für andere Einsatzzwecke verwendet werden!

Fluchthaube Fa. Dräger

Die Problematik mit den Fluchthauben ist die gleiche wie mit den Filtern die auf den Feuerwehrfahrzeugen mitgeführt werden. Auch diese Fluchthauben haben Verfallsdaten und müssen nach diesem Verfallsdatum ausgemustert werden. Die Kosten für eine Fluchthaube je nach Ausführung betragen rund 100 EURO pro Stück und mehr.

Atemluftdruckflaschen aus Stahl und Composite

Im September und Oktober 2002 kam es bei der Nutzung von Composite-Atemluftdruckflaschen zu zwei schweren Unfällen mit mehreren verletzten Feuerwehrangehörigen und einer wurde sogar getötet.

Bei der Überprüfung eines Atemschutzgerätes in Toulon/Frankreich, hatte ein Feuerwehrangehöriger das Atemschutzgerät mit den Composite-Flaschen angelegt, die Flaschen hatten einen Restflaschenfülldruck von 126 bar.

Als der Feuerwehrkamerad die Flaschenventile schließen wollte, kam es zu einer Absprengung des Ventilbereichs einer Flasche. Das Ventil wurde explosionsartig nach unten geschleudert, die Flasche nach oben. Der Feuerwehrangehörige erlitt schwerste Kopfverletzungen mit unmittelbarer Todesfolge. Ob der Feuerwehrangehörige einen Feuerwehrhelm getragen hatte, konnte nicht festgestellt werden. Nach dem Abreißen des Flaschenventils erfolgte unmittelbar eine explosionsartige Abplatzung des Flaschenbodens, der dadurch nach unten geschleudert wurde. Ein weiterer Feuerwehrmann erlitt Schnittverletzungen sowie ein Knalltrauma und wurde mit neun weiteren Feuerwehrangehörigen die **auf der anderen Seite standen** in ein Krankenhaus eingeliefert. Alle waren nach diesem Vorfall knallgeschädigt. Die Atemluftflasche stammte aus einem neuen Bestand von 50 Composite-Flaschen.

Bei einem weiteren Unfall in Genf/Schweiz platzte eine „Full-composite" Druckluftflasche aus Kunststoff aus bisher unbekannter Ursache. Durch den ausströmenden Druck schwirrte die Flasche wie eine Rakete in der Übungshalle herum! Zwei Feuerwehrangehörige wurden verletzt!

Grundsätzlich gilt:
Werden Atemluftflaschen aus Stahl oder CFK fallen gelassen oder erhalten sie aus andern Gründen einen harten Schlag, so kann dies unter bestimmten Umständen dazu führen, dass das Druckventil unvorhergesehen abbricht. Dieses kann auch später, nach dem Schlag oder dem Fall geschehen!

Sollte so etwas passieren, so ist die Flasche vorsichtig zu leeren und einer Unterssuchung auf Wiederverwendbarkeit zu unterziehen!

NOTIZEN:

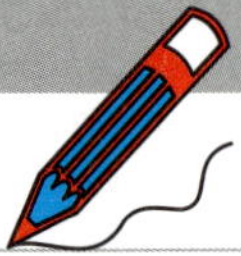

10. Einsatzgrundsätze

10.1 Vorgehensweise/Einsatzgrundsätze

Die Verwendung von Atemschutzgeräten unter der Beachtung von Einsatzgrundsätzen ist im Bereich der Feuerwehren heute eine alltägliche Notwendigkeit. Dies zeigt sich bei nahezu allen Einsatzarten, vom Brandeinsatz über die technische Hilfeleistung (mit PKW-Brand) bis zum Einsatz in Gegenwart von gefährlichen Stoffen und Gütern.

Einsatzgrundsätze werden schon in der Truppmann und auch in der Truppführer-Ausbildung vermittelt. In der Ausbildung zum aktiven Atemschutzgeräteträger werden u. a. weitere, lebenswichtige Einsatzgrundsätze für einen Geräteträger vermittelt.

Diese Einsatzgrundsätze gilt es ständig zu üben:

- der **truppweise** Einsatz, mind. ein Truppführer und ein Truppmann, der Truppführer hat vor und während des Einsatzes die **Einsatzbereitschaft** seines Trupps zu **überwachen.**
- Die Atemschutzgeräte sind **außerhalb** des **Gefahrenbereiches** anzulegen.

- Die **Einsatzdauer** eines Atemschutztrupps richtet sich nach dem Kamerad, dessen Atemluftvorrat am ehesten verbraucht ist.
- Vor dem Einsatz ist grundsätzlich das Gerät mit einer **KURZPRÜFUNG** auf **Luftvorrat** (Flaschenfülldruck), **Dichtigkeit** und das **Ansprechen** der Restluftwarneinrichtung zu prüfen. (FUNKTIONSPRÜFUNG).
- Atemschutzgeräte die nur noch **90%** des vorgeschriebenen **Nennfülldrucks** haben, sind **NICHT zu verwenden!**
- **Maskendichtprobe** durchführen!
- Tragen von **pers. Schutzausrüstung**, Brandschutzanzug, Feuerwehrleine, usw. (siehe hier das Kapitel Schutzkleidung).
- **Melden** bei der **Atemschutzüberwachung** zur Registrierung, eine Überwachung der Atemschutzgeräteträger muss durchgeführt werden.
- Der Trupp bleibt **eine Einheit** und tritt auch **gemeinsam** den Rückweg an.
- Unfälle oder Beinaheunfälle sind dem Leiter der Feuerwehr **SOFORT** zu **melden.**
- **Sicherung** durch **Feuerwehrleine** (nur bei Personensuche, **nicht** im Brandeinsatz).
- **Sicherung** durch **druckführendem Schlauch** im Brandeinsatz (im Innenangriff nur C-Schlauch*).
- **Reservetrupp** zur Rettung der Einsatzkräfte, je eingesetzten Trupp ein Reserve/Rettungstrupp an unübersichtlichen Einsatzstellen.***
- Gehen Atemschutztrupps über verschiedene Angriffswege z. B. in großen Gebäuden, sollte für **jeden Angriffs-**

weg mindestens **ein Reserve/Rettungstrupp** zum Einsatz bereit stehen.

- **Zusammenbleiben** des Trupps in der Einsatzstelle **„Tuchfühlung"**, der Trupp bleibt eine Einheit und tritt nur **gemeinsam den Rückweg** an.
- **Hinwegluft ist doppelte Rückwegluft!** D. h. für den Rückweg ist die doppelte Atemluft des Hinweges einzuplanen. Beispiel: Für den Hinweg wurden 50 bar „verbraucht", dann ist der Rückweg spätestens bei einem Restflaschenfülldruck von 100 bar anzutreten.
- Regelmäßige **Kontrolle** und **Überprüfung des Flaschenfülldrucks** und Luftverbrauch (siehe Errechnen der Einsatzzeit) am Manometer, mehrmals im Einsatz, je nach Einsatzart, alle 3-5 Minuten durch den Truppführer.
- Ruhiges und gleichmäßiges atmen, bei schwerer Arbeit öfter Ruhepausen einlegen, ruhig und tief atmen damit die Atmung zur Ruhe kommt. Grundsatz: **„Stehe still und sammle dich".**
- **Nicht übereilt handeln,** sondern erst überlegen, dann entscheiden und handeln.
- Nur mit **Funk** (2 Meter Geräte) in den Einsatz gehen!
- In Behälter, enge Schächte oder Kanäle darf ein einzelner Atemschutzgeräteträger einsteigen, dieser ist aber mit einem **Brustbund** durch eine Feuerwehrleine zu sichern.
- konsequente **Bestätigung** aller abgesetzten **Lagemeldungen** zur eigenen Sicherheit (die Einsatzleitung muss wissen, wo sich der Trupp aufhält und was er tut).
- **Notzeichen** vereinbaren.
- Treppen und Schrägen **rückwärts** runter gehen.

- Wenn man seine Füße im Brandeinsatz nicht mehr sieht, geht es im **Seitenkriechgang** auf dem Boden weiter. (siehe Kapitel Suchtaktik / Sicherheit).
- Auch bei **Aufräumungs-** und **Nachlöscharbeiten** wird Atemschutz getragen**.
- Achte auf **Starkstrom, Gas** und **Druckbehälter!!!**

* Es wird empfohlen, gerade bei Bränden im Innenangriff einen C-Schlauch mit genügend Schlauchreserve zu verwenden, nicht die s. g. S-Schläuche der wasserführenden Fahrzeuge. Hintergrund ist, das es immer wieder vorkommt, das der Angriffstrupp im Innenangriff plötzlich ohne Wasser am Strahlrohr ist, da durch das „abknicken des sonst formbeständigen Schlauchs", z. B. an einer Türzarge oder Treppengeländer, ein Durchfluss des Löschmittels nicht mehr gewährleistet ist. Siehe auch das Kapitel „sonstige Ausrüstung"!

S-Schlauch im Treppenhaus abgeknickt

** Auch bei Aufräumungs- und Nachlöscharbeiten wird Atemschutz getragen. In optisch rauchfreien Bereichen können immer noch sehr hohe Konzentrationen an Schadstoffen, speziell CO, vorhanden sein. Dies gilt insbesondere in Bereichen mit schlechten Be- und Entlüftungsmöglichkeiten!

Bei Fahrzeugen ohne Löschwassertank oder bei längeren Verteilerstrecken in Verbindung mit einem Fahrzeug mit relativ kleinem Löschwassertank (z. B. TSF-W und LF 8-6) ist es unbedingt notwendig, zuerst die Löschwasserversorgung aufzubauen, da bereits die Füllung der Pumpe, der B-Leitung und der C-Leitung ein großer Teil des mitgeführten Löschwasservorrates benötigt wird! Ein B-Schlauch enthält als Richtwert 88 Liter Wasser bei einer Länge von 20 Meter!

*** „Was ist denn eine unübersichtliche Einsatzstelle" werden wir in der Ausbildung oft gefragt. Hier die Antwort: Eine unübersichtliche Einsatzstelle liegt vor, wenn

a) der Angriffstrupp ausschließlich durch den Einsatz eines weiteren Trupps mit gleicher Schutzausrüstung gerettet werden kann und/oder
b) der Angriffstrupp visuell nicht mehr wahrnehmbar ist und/oder
c) außer möglichen Atemgiften noch weitere Gefahren auf den Angriffstrupp einwirken oder einwirken könnten, je nach Entwicklung der Lage und/oder
d) die Erkundung eine mögliche Beurteilung der hier genannten Gründe a)-c) nicht zuläßt, bzw. man sich in der Urteilsfindung nicht sicher ist.

Siehe auch das Kapitel „Aufgaben des Rettungstrupp"

Immer dann, wenn es sich NICHT um einen Brandeinsatz handelt, kann sich ein Trupp mit der Feuerwehrleine wie folgt sichern:

Wenn der Raum dunkel ist und es bestehen schlechte Sichtverhältnisse bei der Personensuche, empfiehlt sich eine einfache Sicherung mit der Feuerwehrleine. Die Leinensicherung wird durch einen Mastwurf oder Zimmermannstich am Sicherheitsgurt des Truppführers angeschlagen. Der Truppmann nimmt den Karabinerhaken seines Sicherheitsgurt und hängt diesen einfach in die Feuerwehrleine ein. Je nach Situation und Gebäudetiefe, wird empfohlen, die Feuerwehrleine am Eingangsbereich anzuschlagen. Auch die Bandschlinge kann hier verwendet werden, siehe Kapitel 13.1.1 Bandschlinge.

Der Einsatzgrundsatz „truppweises Vorgehen" darf nur kurzfristig nicht beachtet werden, wenn es z. B. um eine technische Hilfeleistung oder Personenrettung aus einem Kanal, Schacht oder Tank geht. Muss in Behälter, enge Schächte oder Kanäle eingestiegen werden, darf ausnahmsweise auch ein einzelner Feuerwehrangehöriger vorgehen, wenn er durch eine Feuerwehrleine mit einem Brustbund gesichert ist. Es muss eine Sprechfunkverbindung gewährleistet sein und die Leine sollte auf Spannung sein. Ein weiterer Feuerwehrangehöriger muss „nachsteigen" oder in der Nähe sich „einsatz-

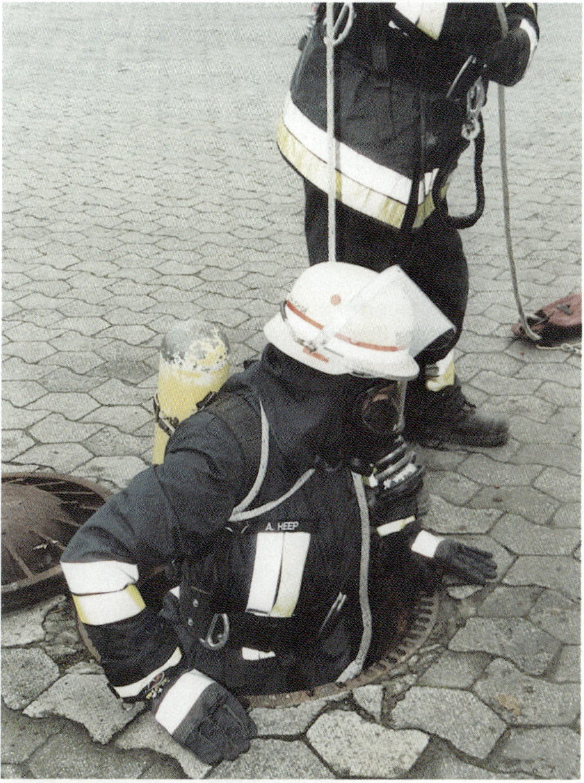

Kanaleinstieg unter PA

bereit unter PA" aufhalten. Auch hier ist ein Reservetrupp unter PA sinnvoll und wichtig, da die Situation von außen nicht immer beobachtet und eingesehen werden kann.

Und wenn doch etwas passiert, obwohl alle Einsatzgrundsätze beachtet wurden und man von einer außergewöhnlichen Situation überrascht wird?

Auf jeden Fall Ruhe bewahren!

Notfall-Einsatzstichwort und eine Lagemeldung absetzen!

In Verbindung mit der Einsatzleitung, Atemschutzüberwachung oder dem Rettungstrupp bleiben, je nach Situation!

Kommt es bei einem Feuerwehrangehörigen zu einer Atemkrise, ist der Truppführer zu informieren. Je nach Situation kann die Kommunikation innerhalb des Trupp

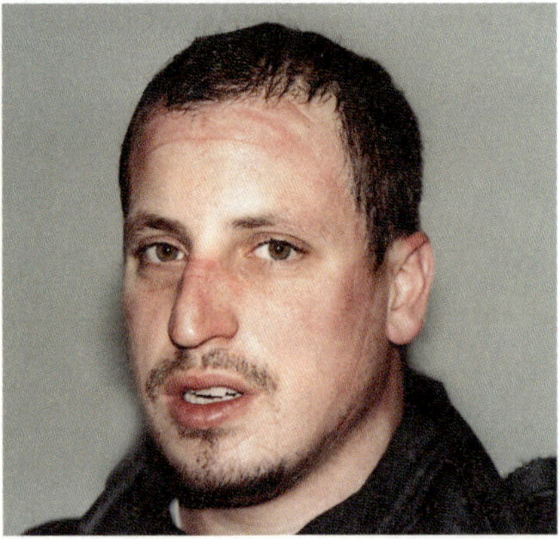

Deutlich sieht man die körperlichen Anstrengungen und die Abdrücke im Bereich des Dichtsitzes der Atemschutzmaske.

schwierig sein, deshalb hier ein gelerntes Symbol das bei vielen Feuerwehren angewendet wird:

„Flache Hand vor dem Kehlkopf horizontal bewegen" Dieses zeigt dem Kamerad im Trupp, dass man ein physisches oder psychisches Problem hat.

Die flache Hand mehrmals in Richtung Kehlkopf bewegen, der Truppführer kann dieses unmissverständliches Handzeichen erkennen, auch wenn es sehr dunkel ist oder Brandrauch die Sicht erschwert. Mit dem Einsatz des Handscheinwerfers und einer geringen Distanz, sollte dieses möglich sein.

Bei einer Atemkrise denke an den Einsatzgrundsatz:

„Stehe still und sammle dich", „Atme langsam, tief und gleichmäßig"!

Merksatz:

Der Atemschutztrupp geht **truppweise** in den Einsatz. Der Truppführer ist für die **Einsatzbereitschaft** verantwortlich.
Nach der Kurz- und Funktionsprüfung (Flaschenfülldruck mind. **90%** des Nennfülldrucks, Hochdichtprüfung, Restluftwarneinrichtung) wird außerhalb des Gefahrenbereiches der Lungenautomat angeschlossen. Vorher wird eine Maskendichtprobe mit zwei Händen durchgeführt. Vollständige persönliche Schutzausrüstung ist für den Einsatz zwingend vorgeschrieben.
Eine Atemschutzüberwachung muss erfolgen. Eine **Eigensicherung** durch eine Feuerwehrleine,

im Brandeinsatz mit **druckführendem** Schlauch ist durchzuführen.
Ein **Reservetrupp** ist zu stellen.
Funkgeräte (2 Meter) sind zu verwenden,
Notzeichen vereinbaren.
Bestätigung der Lagemeldung verlangen.
Die **Einsatzdauer** bestimmt der Kamerad, der den größten Luftverbrauch hat.
Der Trupp bleibt eine **Einheit** und tritt nur **gemeinsam** den Rückweg an.
Unfälle sind zu melden.
Auf **Tuchfühlung** achten.
Wenn es nicht mehr geht: **Stehe still und sammle dich.**
Seitenkriechgang für Deine Sicherheit verwenden.
Achte auf **Hinwegluft gleich doppelte Rückwegluft!**

Rettung eines Kameraden

Siehe das Kapitel **13. 1 Rettungsmittel** und das Kapitel **11.9 Rettungstrupp**

Kontaktverlust innerhalb des Trupps

Wichtig ist, dass alle Truppmitglieder untereinander kommunizieren und ständig aufeinander achten.

Sollte ein Feuerwehrangehöriger des Trupps verloren gehen, ist zu empfehlen, in einer Zeitspanne von 1-2 Minuten in einer Orientierung in der nächsten Umgebung und dem Bereich der die letzten 1-2 Minuten begangen wurde, nach dem Kameraden zu suchen. Ist die Suche nicht erfolgreich, muss SOFORT eine entsprechende Lagemeldung abgeben werden.

Lagemeldung z. B.:
„Angriffstrupp Florian Limburg 22/2, im 2. OG zur Straßenseite, durch eine jetzt in das Schloss gefallene Tür von einem Truppmitglied getrennt, Rettungstrupp mit Brechwerkzeug über das Treppenhaus in das 2. OG vor."

Lassen sie sich die Lagemeldung bestätigen und nehmen sie Funkverbindung mit dem Rettungstrupp auf, weisen sie den Rettungstrupp ein.

Grundsätzlich ist Funkdisziplin zu wahren!

10.2 Kurzprüfung am Atemschutzgerät

Kurz- und Funktionsprüfung am PA und der Maske vor dem Einsatz.

Kurzprüfung am PA:

- Sichtprüfung
- Flaschenfülldruckkontrolle, Atemluftflaschen die weniger als 90% des Nenn-Fülldruckes haben, sind grundsätzlich nicht zum Einsatz unter Pressluftatmer zu verwenden. D. h. bei 300 bar-Flaschen muss der Druck noch mindestens 270 bar und bei 200 bar-Flaschen noch mindestens 180 bar sein.
- Hochdruckprüfung
- Funktionsprüfung Lungenautomat
- Ansprechdruck der Restluft-Warneinrichtung bei 55 +/- 5 Bar.

10.3 Atemschutzmaske qualifiziert anlegen

1. Helm absetzen.
2. Trageriemen umhängen.
3. Bänderung mit beiden Händen greifen.
4. Kinn in die Kinntasche legen und Bänderung über den Kopf streifen.
5. Kopf mit der Maske in den Nacken legen.
6. Auf den vollständigen Sitz der Maske und Innenmaske achten.
7. Bänderung wie folgt gleichmäßig auf beiden Seiten nach hinten ziehen
   a. beide Nackenbänder
   b. beide Schläfenbänder
   c. Stirn/Kopfband.
8. Darauf achten, dass keine Haare unter dem Dichtrahmen sind.
9. Maskendichtprobe* mit zwei Händen** durchführen.
10. Helm aufsetzen, darauf achten, dass die Riemen und Bestandteile des Helm nicht die Schnallen der Maske nach vorne drücken. Maskenbänderung*** kontrollieren.
11. Zweite Maskendichtprobe durchführen!

Maskendichtprobe mit zwei Händen

10.4 Errechnen der Einsatzzeit

Grundsätzlich gilt: Die akustische Restluftwarneinrichtung ist KEIN Rückzugssignal! Für den Rückweg aus der Einsatzstelle müssen die Atemschutzgeräteträger die notwendige Atemluftmenge in Abhängigkeit vom Luftverbrauch für den Hinweg und ihrer Einsatzzeit ermitteln.

Beispiel I: Ein Angriffstrupp mit einem Einflaschengerät hat bereits für den Hinweg 60 bar des Flaschenfülldrucks verbraucht. Der Trupp befindet sich im 2. Obergeschoss,

Brandbekämpfung und Menschenrettung. D. h., körperliche Schwerstarbeit und ein ca. Luftverbrauch von 90 Liter/Minute. Der aktuelle Flaschenfülldruck beträgt 180 bar.

Frage: Wie lange ist die restliche Einsatzzeit?

Rechenbeispiel für diesen Fall:

Verbrauch für den Hinweg 60 bar

Antreten des Rückwegs bei 120 bar

Aktueller Flaschendruck 180 bar ./. theoretischer Wert 120 bar/Antreten des Rückzugs.

Differenz 60 bar

Diese Differenz X 6 Liter (Volumen der Atemluftflasche bei einem Einflaschengerät) = 360 Liter theoretischer Luftvorrat für die restliche Einsatzzeit. Diesen Wert geteilt durch den durchschnittlichen Luftverbrauch, in diesem Beispiel 90 Liter/Minute, wir runden zur Sicherheit immer auf, d. h., geteilt durch 100 Liter, ergibt eine restliche Einsatzzeit von ca. **3,6 Minuten.**

Beispiel II: Ein Angriffstrupp mit einem Zweiflaschengerät hat bereits für den Hinweg 60 bar des Flaschenfülldrucks verbraucht. Der Trupp befindet sich im Außenangriff bei der Brandbekämpfung und hält mit zwei Mann ein B-Strahlrohr mit Stützkrümmer. D. h., körperliche Einsatz in nicht so schwer und es gibt einen ca. Luftverbrauch von ca. 30 Liter/Minute. Der aktuelle Flaschenfülldruck beträgt 140 bar.

Frage: Wie lange ist die restliche Einsatzzeit?

Rechenbeispiel für diesen Fall:

Verbrauch für den Hinweg 60 bar

Antreten des Rückwegs bei 120 bar

Aktueller Flaschendruck 140 bar ./. theoretischer Wert 120 bar/Antreten des Rückzugs.

Differenz 20 bar

Diese Differenz X 4 Liter x 2 (Volumen der Atemluftflaschen bei einem Zweiflaschengerät, mal 2 Flaschen) = 160 Liter theoretischer Luftvorrat für die restliche Einsatzzeit. Diesen Wert geteilt durch den durchschnittlichen Luftverbrauch, in diesem Beispiel ca. 30 Liter/Minute, d. h., 160 Liter theoretischer Flaschenfülldruck, geteilt durch 30 Liter, ergibt eine restliche Einsatzzeit von **ca. 5,3 Minuten.**

Merke:

Ein erfolgreicher Einsatz ist nur gewährleistet, wenn Umsicht und Vorsicht das Handeln leiten.

Denn: „Vorsicht ist keine Feigheit und Leichtsinn ist kein Mut"!

„Leichtsinn unter Atemschutz ist TÖDLICH!!!"

10.5 10-Punkte-Checkliste vor dem AtemschutzBRANDeinsatz, nach dem Ankleiden und der Kurzprüfung am Gerät und Maske:

1. Befinden sich Haare im Bereich Dichtlippe der Atemschutzmaske, Maskendichtsitz gegeben?

2. Liegt die Flammschutzhaube dicht an der Atemschutzmaske an?

3. Ist die Helmbänderung geschlossen?

4. Ist der Kragen der Einsatzjacke hochgestellt und nach vorne verschlossen?

5. Liegt das Helmtuch / der Hollandkragen über dem Kragen der Schutzjacke und ist nach vorne verschlossen?

6. Sind die Handschuhstulpen über den Ärmeln der Einsatzjacke und sind diese auch verschlossen?

7. Werden die Hosen über die Stiefel getragen?

8. Ist der Trupp bei der Atemschutzüberwachung registriert und besteht Funkverbindung?

9. Ist der Lungenautomat des Atemschutzgerätes angeschlossen?

10. Ist mein Truppmann/Truppführer startklar (Daumen nach oben)?

Der gegenseitige Check sollte nicht länger als 15 Sekunden dauern. Es besteht kein Anspruch auf Vollständigkeit!

10.6 Verhalten an der Einsatzstelle

Was ist an der Einsatzstelle zuerst zu tun ?

- Einsatzleiter und / oder der Gruppenführer muss erkunden und notwendige Befehle erteilen
- Mannschaft muss Befehle umsetzen,
  zuerst ist die Einsatzstelle abzusichern und die Rettung von Menschen, Tieren und Sachwerten durchzuführen

In welcher Reihenfolge werden gefährdete Personen gerettet ?

1. Verletzte
2. Kinder und Frauen
3. Männer

Wie verhalten wir uns bei der Rettung von Tieren?

- Möglichst vertraute Person hinzuziehen
- Für Rauchabzug sorgen
- Dem Großvieh Augen zubinden und einzeln herausführen, Pferde eventuell rückwärts herausführen
- Schweine und Kälber evtl. binden und tragen
- Federvieh in Säcke stecken und heraustragen
- Bei Bienenkörben Fluglöcher verstopfen, ins Freie schaffen und Fluglöcher sofort wieder öffnen
- Bei Schafen den Leithammel herausführen, alle anderen folgen größtenteils, hoffen wir

Tierrettung mit der Bandschlinge

Worauf ist beim Auslegen der Schlauchleitung zu achten?

- Schlauchleitungen sollten möglichst nicht den Verkehr behindern
- Sie sollen nicht von herabfallendem Brandschutt und Trümmern getroffen und beschädigt werden
- Nicht schleifen oder über scharfe Kanten ziehen
- Falls erforderlich Schlauchbrücken einbauen und absichern (Bei Dunkelheit für Beleuchtung sorgen)

Wann wird Wasser gegeben?

- Nur wenn der Brandherd bekannt ist, nicht in den Rauch spritzen, da Gefahr von Wasserschäden
- Mundstücke der Strahlrohre möglichst klein wählen
- Feuer von oben nach unten löschen, nicht dem Feuer hinterherlaufen, es in die Zange nehmen

Was tun bei verqualmten Räumen?

- Nur mit umluftunabhängigem Atemschutzgerät vorgehen
- Für Belüftung sorgen, das Feuer wird dadurch aufflammen und kann bekämpft werden
- Nicht von außen durch die Fenster spritzen, man erzielt meist nur Wasserschaden

Wie verhalten wir uns, wenn Wasserschaden entstanden ist?

- Aus den betroffenen Räumen sofort die darin befindlichen Möbel ausräumen
- Nasse Stellen an der Decke mit einem spitzen Gegenstand anstoßen und das ablaufende Wasser mit einem Gefäß auffangen
- Wasser auf dem Boden (z. B. Teppichboden) mit einem Wassersauger sofort aufnehmen um eine Durchnässung des Gebäudes zu vermeiden
- Diese Maßnahmen sollten schon während der Löscharbeiten durchgeführt werden, soweit es die Umstände erlauben

Wie verhalten wir uns bei Einsturzgefahr?

- Die gefährdeten Trupps müssen sofort zurück genommen werden, Befehl über Sprechfunk und das Warnsignal mit der Signalpfeife „HOCH-TIEF-HOCH-TIEF" ist zu geben!

Wo findet man Schutz bei Einsturzgefahr?

- Den Rückzugsweg ständig sicherstellen
- Bei Gefahr Schutz suchen unter besonders standfesten Gebäudeteilen wie Tür- oder Fensterstürzen

Wie schützen wir uns gegen Stichflammen?

- Grundsätzlich geduckte Haltung
- Beim öffnen von Türen hinter der Tür oder Wandvorsprung Deckung suchen.
  Hinter Mauern stehen oder sich auf den Fußboden legen
  (Siehe das Kapitel 11.2 „Öffnen einer Tür")

Was tun wir bei Gasgeruch?

- Jede Funkenbildung vermeiden
- Elektrische Einrichtungen nicht schalten
- Falls möglich Räume belüften
- Objekt absperren, damit nicht Unbefugte das Gebäude betreten
- Falls möglich Gasschieber schließen (Hausanschluß)
- Gasbrände nicht löschen, Explosionsgefahr durch nachströmendes Gas
- Umgebung der Brandstelle abkühlen
- Energieversorgungsunternehmen informieren

Wie verhalten wir uns bei Kohlen- und Brikettbränden?

- Brandstelle freilegen
- Bei größeren Lagern umschaufeln, evtl. Radlader oder Bagger einsetzen
- Dem Löschwasser Netzmittel zusetzen, da sonst kein Wasser in das innere zum Brandherd dringt
- Zumischmenge des Netzmitteln klein halten
- Bei Kohlebränden kann sich leicht ein Gas bilden. Besonders in Kellern und geschlossenen Räumen deshalb immer unter umluftunabhängigem Atemschutz vorgehen

Wie verhalten wir uns in Betrieben, in denen viel Staub vorhanden ist ? Wie in Sägewerken, Schreinereien, Holzbearbeitungsbetrieben u.s.w.

- Sprühstrahl verwenden, da der Staub durch den Vollstrahl aufgewirbelt wird und durch die Brandwärme entzündet werden kann
- Vorsichtig gehen

Was ist bei Metallbränden zu beachten?

- Kein Wasser verwenden
- Metallbrandpulverlöscher einsetzen
- Trockenen Sand verwenden
- Magnesium auch mit Graugussspänen löschen

Was haben wir bei Aufräumungsarbeiten zu beachten?

- Wegen der Brandursachenermittlung grundsätzlich so wenig wie möglich verändern, Spuren sichern
- Brandnester freilegen und ablöschen
- Den gesamten Gefahrenbereich durch die Polizei absperren lassen
- Auf mangelnde Standsicherheit der verbleibenden Gebäudeteile hinweisen
- Die Feuerwehr ist kein Abbruchunternehmen
- Bei Bedarf Brandwache stellen.
- Brandstelle vor dem Abrücken übergeben

NOTIZEN:

NOTIZEN:

NOTIZEN:

11. Einsatztaktik unter Atemschutz

Unter Einsatztaktik verstehen einige Feuerwehrangehörige etwas anderes so scheint es, wenn man sich so manche Vorgehensweise bei Übungen oder Einsätzen ansieht, bzw. mit einigen Kameraden gehen die Emotionen durch und es fehlt auch an der Erfahrung und Routine. Taktik stammt ursprünglich von: „Die Kunst der Anordnung und Aufstellung", Taktik ist ein geplantes, berechnendes Denken und Handeln im Rahmen eines Gesamtplanes, um ein Ziel zu erreichen. Taktik ist vorrangig ein Thema für Führungskräfte, deren Aufgabe es ist, Gefahrenschwerpunkte zu erkennen und geeignete Maßnahmen zu treffen.

Taktik unter Atemschutz ist aber auch ein Thema für Truppführer, die in bestimmten Bereichen gerade bei Wohnhausbränden auf sich alleine gestellt sind und eigenverantwortlich Handeln müssen. Auch von dem Sachverstand und dem taktischen Verständnis eines Trupp unter PA kann der Einsatzerfolg entscheidend abhängen.

Die taktischen Überlegungen eines Angriffstrupp unter PA, müssen zielorientiert ausgerichtet sein. Nur wenn die Ziele richtig erkannt sind, alle eingesetzten Kräfte die Ziele kennen und sich die taktischen Überlegungen an diesen Zielen orientieren, kann erfolgreich im Sinne eines „erfolgreichen Feuerwehreinsatzes" gearbeitet werden.

Grundsätzlich gilt auch für den Bereich Atemschutz:

Taktik ohne Technik ist hilflos.
Technik ohne Taktik ist sinnlos!

Atemschutzgeräteträger:
„Wir müssen UMDENKEN, so können wir nicht weiter arbeiten"

Hier einige Vorschläge und Überlegungen für eine „bessere taktische und sichere Vorgehensweise" unter Pressluftatemschutzgeräten:

11.1 Sicheres Vorgehen unter PA
Unsere Feinde:
„flash-over, backdraft, Pyrolysegase"

11.2 Das Öffnen einer Tür

11.3 Alternativer Angriffsweg

11.4 Lüftungsmaßnahmen

11.5 Kommunikation

11.6 Suchtaktik unter PA im Innenangriff
11.6.1 Suchbreite
11.6.2 Tauchertechnik
11.6.3 Erste und zweite Suche
11.6.4 Einsatzformen
11.6.5 Raum für Raum
11.6.6 Einsatz des Sicherheitsgurt, der Bandschlinge und Führungsleine
11.6.7 Qualifiziertes Absuchen von Nutzungseinheiten
11.6.8 Qualifiziertes Absuchen von Brand- bzw. Rauchabschnitten

11.7 Innenangriff unter PA

11.8 Außenangriff unter PA

11.9 Sicherungstrupp/Rettungstrupp

11.1 Sicheres Vorgehen unter PA: Unsere Feinde: „flash-over, backdraft, Pyrolysegase"

Sicheres Vorgehen beginnt schon auf der Anfahrt zur Einsatzstelle.
Das Verhalten auf der Anfahrt zur Einsatzstelle sollte geübt werden. Wenn ein Brandeinsatz im Gebäude zu erwarten ist, sollte der PA und die Maske angelegt werden, der Lungenautomat ist noch nicht anzuschrauben, die Schutzkleidung ist vollständig anzulegen und zu schließen! Bereits auf der Anfahrt kann der Gruppenführer die ersten Tätigkeiten der Atemschutzüberwachung durchführen, z. B. Plaketten ausfüllen, die Besetzung des Trupps festlegen, Dokumentation betreiben, usw.

Die Handsprechfunkgeräte und Handlampen sind zu testen. Während der Anfahrt sind z. B. durch die Leitstelle oder durch vorliegende Feuerwehreinsatzpläne Informationen vom Gruppenführer an die Mannschaft weiterzugeben, insbesondere dem Angriffstrupp unter PA!

Bei vielen Einsätzen unter PA ist die Sicht durch Partikel, Nebel oder Rauch behindert. Die Stärke der Sichtbehinderung ist unterschiedlich, bei einem Brand ist die Sichtbehinderung am Boden in der Regel am geringsten.

Viele Feuerwehren haben heute noch keine Wärmebildkameras, das „Sehen" muss durch die tiefste Gangart oder gar nur durch „Fühlen" mit den Händen geschehen.

Es wird empfohlen, durch die Nutzung der Feuerwehraxt den Suchradius zu vergrößern und/oder den s. g. Seitenkriechgang anzuwenden.

Grundsätzlich gilt unter PA:

Wenn ich meine Füße aufrecht stehend nicht mehr sehen kann, M U S S ich auf die Knie!

Sicheres Vorgehen unter PA beginnt schon bei dem Verlassen des Fahrzeuges. NICHT aus dem Fahrzeug springen!

falsch
nicht vorwärts aus dem Fahrzeug springen

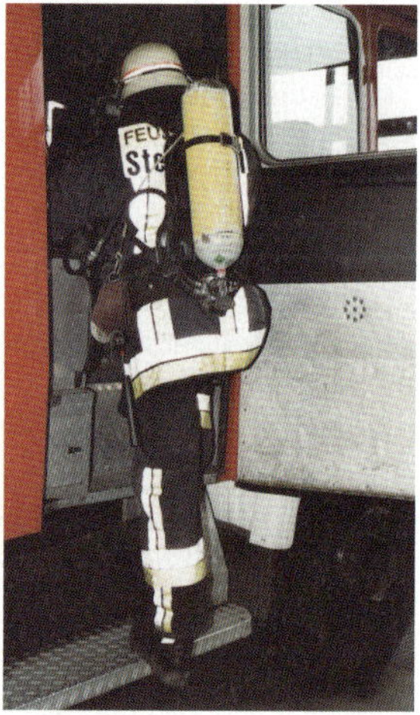

richtig

Eine sichere und verbesserte Fortbewegung in Bodennähe ist der so genannte **Seitenkriechgang.**

Für den Innenangriff bietet sich dieser an, da

a) man am Boden in der Regel die beste Sicht bei Brandeinsätzen hat
b) mit dem „Bein voraus" man der Absturzgefahr vorbeugt
c) die Rauchgasschicht über dem Kopf im Blick hat
d) der Körperschwerpunkt hinten liegt, d. h. bei einer plötzlich auftretenden Treppe, Schräge, offener Aufzugsschacht, usw. fällt man nicht nach vorne
e) eine Hand bleibt frei
f) mit dem ausgestreckten Bein kann der Nahbereich zusätzlich zur Feuerwehraxt abgesucht werden

Zur Herstellung dieser Haltung **„Seitenkriechgang"** geht der Feuerwehrangehörige in die Hocke und streckt ein Bein nach vorne aus. Er verlagert sein Gewicht auf das andere Bein und dreht sich etwas seitlich zur Fortbewegungsrichtung. Zur weiteren Fortbewegung wird ein Intervall aus drei Bewegungsabläufen und einer sehr kurzen Beobachtungsphase empfohlen, um nicht die Effizienz in der Fortbewegung zu verlieren. Diese verbesserte und sichere Idee zur Fortbewegung stammt von der New Yorker Feuerwehr, da es dort schon viele Verletzte Feuerwehrangehörige im Innenangriff durch „Absturz" gegeben hat.

Seitenkriechgang für „Deine Sicherheit"

Der Körperschwerpunkt liegt bei der Gangart Seitenkriechgang so, dass beim Auftreten auf dem Boden nicht direkt das ganze Körpergewicht aufgebracht wird.

Diese für den Atemschutzgeräteträger sichere Vorgehensweise wird wie folgt umgesetzt. Der Trupp geht in

Seitenkriechgang, Blick nach oben

die Hocke, streckt ein Bein nach vorne aus, verlagert sein Gewicht auf das andere Bein und dreht sich seitlich zur Fortbewegungsrichtung. Dann sollte der Trupp sich zwei bis drei mal so fortbewegen und dazwischen immer wieder die Umgebungssituation beobachten. Dieses hat zum Vorteil:

- Der Schwerpunkt liegt hinten, Abstürze werden vermieden
- Eine Hand bleibt frei
- Der Trupp kann die Rauchschicht über seinem Kopf ständig beobachten
- Mit dem ausgestreckten Bein kann der Bereich um den Trupp abgesucht werden

Die Fortbewegungsweise „auf allen Vieren kriechen, Hundegang oder auch kleinste Gangart genannt" hat zwei Nachteile:

a) Wenn man sich zügig fortbewegt und dabei den Bereich vor sich nicht ausreichend abtastet, besteht die Gefahr,

falsch

richtig

dass man einen Abgrund (Treppenabgang, Grube, Aufzugsschacht, eingestürzter Bereich usw.) nicht früh genug erkennt und durch die Kriechart und dem vorgelagerten Schwerpunkt durch den PA abstürzt.

b) Außerdem kann durch diese Kriechart nicht die Entwicklung der Rauchgasschicht beobachtet werden, da der Blick nach unten gerichtet ist. Auch mögliche Maßnahmen zur Rauchgaskühlung sind so nicht möglich.

falsch

Zwei Kräfte unter PA auf allen vieren mit dem Blick nach unten

Wie sollte also das Vorgehen des Atemschutztrupps sein?

- Kurzprüfung und vollständige Ausrüstung
- Atemschutzregistrierung
- Truppweise vorgehen
- Treppen rückwärts absteigen
- Kriechend vorgehen (Seitenkriechgang)
- Türen aus der Deckung öffnen
- Türen langsam öffnen
- Nach öffnen der Tür kurz warten
- Rauch beobachten (Flammenzungen im Rauch)
- Raumtemperaturen beobachten
- Bei hohen Temperaturen Rauch mit Sprühnebel „stoßweise" abkühlen
- Rückmeldungen an den Gruppenführer/die Atemschutzüberwachung oder Einsatzleitung, wenn man einen
  - neuen Raum
  - neuen Bereich
  - neues Geschoss

  betritt oder sich die Situation (Explosion, Personenfund, Durchzündung, Einsturz, usw.) ändert.
- Die Lagemeldungen bestätigen lassen!
- Den Flaschenfülldruck kontrollieren
- Grundsätzlich: Die Einsatzgrundsätze einhalten!

11.2 Das Öffnen einer Tür

Feuerwehrangehörige sollten schulmäßig arbeiten. Tun sie das auch, denken sie an alles? Aufgrund des guten Vorbeugenden Brandschutz gehen in den letzten Jahren die

Anzahl der Wohnhausbrände zurück. Die Folge daraus ist u. a. weniger Erfahrung im Bereich der Brandeinsätze unter PA im Innenangriff. Diese Situation gepaart mit wenig oder schlechter Ausbildung auf Standortebene, fehlender oder falscher Schutzausrüstung, schlechte Kommunikation und Info. durch die Einsatzleitung sowie einer fehlenden Motivation und Teamfähigkeit im Angriffstrupp unter PA, kann zur Katastrophe führen.

Lieber Leser, stell Dir vor, ein Trupp unter PA im Innenangriff nähert sich mit einem C-Rohr einer geschlossenen Tür, hinter der Tür brennt es. Der Trupp ist gut ausgebildet und kennt durch die Trainings unter PA die „Spielregeln". Was ist jetzt zu tun?

Wir müssen unsere Kameraden darauf trainieren, dass diese sich **vor** dem Öffnen der Tür fragen, muss ich **jetzt?,** was **passiert?,** müssen wir **überhaupt diese Tür** öffnen? Kann ich **noch etwas tun,** um eine weitere mögliche Ausweitung zu reduzieren? Gibt es evtl. die Möglichkeit hier eine „Riegelstellung" aufzubauen und **nicht** die Brandbekämpfung einzuleiten, da es evtl. sinnvoller ist, von außen durch ein Fenster die Brandbekämpfung zu beginnen und möglicher Weise somit ein ganzes Gebäude rauchfrei und ohne weitere Schäden zu halten? Erst eine Lagemeldung, denken und dann handeln. Einfach mal darüber nachdenken!

Das Öffnen einer Tür kann ein ganz wesentlicher Eingriff in den vorgefundenen Zustand sein. Die Feuerwehrangehörigen müssen begreifen, das dieses Maßnahme „Öffnen einer Tür" möglicherweise eine entscheidende taktische Maßnahme ist, diese kann über den Misserfolg oder den Erfolg des Einsatzes entscheiden.

Viele Brände haben oft nur eine kleine Ursache, wie z. B. Glutreste in einem Papierkorb oder eine brennende Kerze auf dem Tisch. Der Brand greift aber auf immer mehr Gegenstände über, bis der Raum oder sogar das ganze Gebäude in Flammen steht. Zimmerbrände kann man in mehrere Phasen einteilen. Von der Entzündung, Entstehungsbrand, flash-over, voll entwickelter Brand bis zum abklingenden Brand mangels brennbarem Material oder Sauerstoffarmut.

Denken wir immer an einen möglichen **flash-over*** oder **roll-over***, denken wir immer an unsere eigene Sicherheit beim öffnen der Tür? Im Brandraum können sich zündfähige Luftgemische/Pyrolyseprodukte befinden, die bei einem Austritt des Wärmestau und bei einer Sauerstoffzufuhr unter Stichflammenbildung durchzünden können.

Werden Türen in Bereichen mit der Gefahr der Brandausbreitung geöffnet, muss dies in einer bestimmten Reihenfolge geschehen.

Als erstes ist festzustellen, in welche Richtung und nach welcher Seite sich die Tür öffnen lässt. Die Tür wird mit dem nackten Handrücken auf Erwärmung überprüft. Nachdem dies festgestellt wurde und die Tür ist tatsächlich erwärmt, muss sich der Truppmann mit dem Strahlrohr so positionieren, dass er in die öffnende Tür spritzen kann. Dabei liegt er einige Meter vor der Tür, flach auf dem Boden und kann eine evtl. Durchzündung im Deckenbereich sofort bekämpfen um eine weitere Brandausbreitung zu verhindern. **Wenn eine extreme, kräftige und pulsierende Rauchgasschicht im Brandbereich nach dem kurzen Öffnen der Tür zu erkennen ist, sollte die Tür nur**

kurz geöffnet und 3 bis 4 mal kurz Wasser mit dem Sprühstrahl abgegeben werden. Dieses in den Deckenbereich, da dort die größten Temperaturen herrschen. Anschließend SOFORT die Tür wieder schließen und 10 bis 15 Sekunden abwarten. Das abgegebene Wasser wird sofort zu Wasserdampf, die Energie im Raum wird so reduziert und die Gefahr eines Flash-over vermindert. Je nach Lage sollte man dieses mehrmals wiederholen, bevor man sich solchen Situationen aussetzt und einen Raum betritt.

Der Truppführer geht schulmäßig in die Hocke und nutzt die Wand neben der Tür als Deckung und öffnet die Tür. Dieses dient der Sicherheit der Feuerwehrleute und muss trainiert werden, auch wenn es eine sehr aufwändige Vorgehensweise ist.

Auch wenn die deutsche Atemschutzausbildung nicht die schlechteste ist, so gibt es doch noch vieles zu verbessern, um den Einsatz unserer Atemschutzgeräteträger sicherer und effizienter zu gestalten. Atemschutzüberwachungen, Suchtaktiken, s. g. Heißausbildungen und eine Änderung der Taktik können uns dabei helfen.

Die folgenden Begriffsdefinitionen sollen helfen, mehr über mögliche Gefahren zu lernen, bzw. die Atemschutzgeräteträger zu sensibilisieren:

Was ist das überhaupt „***flash-over** oder ***backdraft"?** Nur eine Illusion aus Filmen oder eine wirkliche Gefahr für die Atemschutzgeräteträger?

Aussagen von Feuerwehrangehörigen **wie „als wir vor der Tür standen, sahen wir dichten Qualm austreten und dann passierte das wovon ich noch heute Alpträume habe"** oder **„woher sollte ich wissen das ich meinen Kameraden in diesem Moment gefährden und die schweren Verbrennung mit verursacht habe, es hat mir doch keiner gesagt"** helfen uns nicht weiter und möchten wir nicht mehr haben. Wir müssen auch diese Themen behandeln und für mehr Horizonterweiterung bei den Atemschutzgeräteträgern sorgen.

In der **Entstehungsbrandphase** steigt die Temperatur im Raum noch nicht so stark an. Dieses kommt durch den bereits jetzt schon vorliegenden Sauerstoffmangel. Es entstehen große Mengen **des brennbaren Atemgifts Kohlenmonoxid.** Die vorliegenden Temperaturen reichen aber schon aus, um verschiedenste Einrichtungsgegenstände im Raum **thermisch aufzubereiten,** es entstehen dabei **Pyrolysegase*,** s. g. Schwelgase. Der Druck im Raum steigt zu diesem Zeitpunkt sehr stark an, wobei die Verbrennung beinahe zum Erliegen kommt. Das Feuer droht zu „ersticken", mangels Sauerstoffzufuhr. Dieser Schwelbrand wird durch das Zerplatzen von Fensterscheiben oder dem Öffnen von Türen, schlagartig beendet.

Der **FLASH-OVER** ist ein Begriff, den man als **Rauchgasdurchzündung** oder **Rauchgasexplosion** bezeichnen kann. Eine Illusion aus einem überzogenen Kinofilm wie Backdraft? Oder ist es wirklich ein Phänomen, welches eine Gefahr für Leib und Leben darstellt? Wir denken, es ist so, **„ES IST EINE GEFAHR",** da es schon zahlreiche schwere Unfälle und sogar tödliche Verletzungen gegeben hat.

Die **Rauchgasdurchzündung (flash-over)** entsteht bei ausreichender oder nahezu ausreichender Luftzufuhr, die eine Verbrennung oder Flammenerscheinung aufrecht erhalten kann, und/oder unzureichende Wärmeableitung. flash-over könnte man auch als „Flammenübersprung" bezeichnen.

Durch die Wärmeisolierung, z. B. die Wärmeverglasung, wird die Wärmeableitung erschwert oder verhindert. Gase, die sich durch die Verbrennung bilden, sammeln sich im Bereich der Decke. Nach und nach breitet sich der Brand weiter aus, es entsteht heißer Brandrauch. Sobald der Rauch oder die Wärme nicht nach außen abgeführt werden kann, erhöht sich die Temperatur im Bereich des Rauches. Dieses hat zur Folge, dass sich der Rauch im oberen Bereich des Raumes weiter aufheizt. Es entsteht durch den heißen Rauch und die Erwärmung im Raum eine Wärmestrahlung. Diese Wärmestrahlung führt dazu, dass brennbare Stoffe die vom Brandherd entfernt sind, anfangen zu Gasen. Es bilden sich sogenannte **Pyrolysegase***, die sich mit dem Rauch vermischen. Sobald genügend Gase im Rauch vorhanden sind, können sich Flammenzungen bilden.

Diese können innerhalb der Rauchschicht auftreten, zwischen der Luft- und Rauchgrenze oder bei Austritt aus dem Raum. Bilden sich diese Flammenzungen, so erhöht sich die Wärmestrahlung. Dieses wiederum hat zur Folge, dass sich mehr Pyrolysegase bilden. Sobald das **Mischungsverhältnis** stimmt, d. h. die **untere Explosionsgrenze (UEG)** und ausreichend Sauerstoff (die zur Verbrennung der Pyrolysegase notwendig) vorhanden sind, zündet die Rauchschicht durch. Liegt die Explosionsgrenze oberhalb der UEG, kommt dann eine plötzliche Sauerstoffzufuhr z. B. durch das Öffnen von Fenster und Türen, kommt es zu einem großen **Druckanstieg,** der zu einer **Durchzündung** führt. Die Folge ist dann meist, dass der gesamte Raum in Flammen steht, da eine vollständige Rauchgasdurchzündung stattgefunden hat. Es kommt also von einem lokal begrenzten Entstehungsbrand zu einem Vollbrand des Raumes. Je nachdem wo sich der Trupp unter PA in diesem Moment befindet, kann dieses zu katastrophalen Situationen führen.

Brand im Squash-Center Marburg

Bei einer **Rauchgasexplosion (Backdraft)** bedarf es bestimmter Voraussetzungen während des Brandverlaufes. Diese Variante des flash-overs ist besonders heimtückisch, man könnte Backdraft auch als „Flammenrückschlag" bezeichnen, es kommt hierbei zu sehr großen Verbrennungsgeschwindigkeiten, unter Umständen können auch Gebäudeteile beschädigt werden. Während des Brandes im geschlossenen Raum kann es dazu kommen, das die Sauerstoffzufuhr für die Brandgröße nicht mehr ausreicht. Dieses kann in der Entwicklungsphase eines Brandes aber auch in der fortgeschrittenen Phase auftreten. Die Sauerstoffkonzentration im Raum sinkt und das Feuer würde langsam erlöschen. Dabei wird, wie bei jeder unvollständigen Verbrennung, das **Atemgift Kohlenmonoxid** gebildet. Die Raumtemperatur sinkt nur sehr langsam ab. War die Temperatur so hoch, dass sich Pyrolysegase (siehe Seite 171) gebildet haben, wird dieser Vorgang auch weiterhin bestehen bleiben. Diese Pyrolysegase können aufgrund fehlender Flamme nicht abbrennen. Es entstehen nun Gemische oberhalb der **oberen Explosionsgrenze (OEG).** Da sich der Raum weiter abkühlt, ziehen sich die Verbrennungsprodukte zusammen, so dass im Raum ein **Unterdruck** entsteht. Durch diesen Unterdruck kann Luft durch Spalten von Fenster und Türen gesogen werden, es kommt dann zu einer **Verpuffung!** Dabei entsteht ein erneuter Unterdruck und wieder eine Verpuffung. In der Vergangenheit sind verschiedene Arten der Rauchgasexplosionen beobachtet worden. Die normale Rauchgasexplosion entsteht, sobald die Luft die in den Raum gesogen wurde, sich mit den Gasen verwirbelt. Es entsteht ein **zündfähiges Gas-Luft-Gemisch.** Erreicht dieses **Gemisch** eine **Zündquelle,** kommt es zur **Explosion.** Nach der Zündung folgt dann die **Druckwelle und die Flammenfront** folgt dem Weg der Zuluft! Diese treten dann also aus der Lüftungsöffnung, z. B. einer Tür oder Fenster, die von den Einsatzkräften geöffnet wurde.

(Siehe Taktik „Öffnen einer Tür") Die Zeit der Durchzündung kann mehrere Sekunden bis mehrere Minuten dauern!

Eine andere Art der Rauchgasexplosion ist die s. g. „umgekehrte Rauchgasexplosion". Dabei kommt es bei einem möglichen Kontakt mit Sauerstoff zur sofortigen Durchzündung. Hier befinden sich die Schwel- und Pyrolysegase oberhalb der **Zündtemperatur.** Die Flammenfront folgt hierbei dem Weg der Zuluft von der Öffnung in den Raum, also umgekehrt als bei der normalen Rauchgasexplosion.

Als s. g. „verzögerte Rauchgasexplosion" zählt man die Situation, bei der durch eindringen von Luft ein zündfähiges Gemisch entsteht, aber durch fehlen der Zündquelle dieses Gemisch nicht zündet. Erst bei möglichen Aktivitäten des eingesetzten Trupps unter PA wie z. B. das Freilegen von Glutnester, kommt es dann zur Explosion. Zündfähige Gemische können auch in andere Räume oder abgehängte Decken gelangen, bzw. CO z. B. diffundiert durch Wände! Siehe hier auch das Kapitel **„qualifizierter Einsatz des Drücklüfters".** Sobald sich eine Zündquelle nähert kann es zu einer Explosion kommen. Diese wird dann als s. g. „verlagerte Rauchgasexplosion" bezeichnet.

Kann man die Anzeichen einer Rauchgasdurchzündung oder Rauchgasexplosion erkennen?

Rauchgasdurchzündungen treten meistens im normalen Brandverlauf auf, also noch vor dem Eintreffen der Einsatzkräfte oder bei nicht wirksamen Löschversuchen, zum Beispiel wenn der Brandherd nicht schnell genug gefunden wird.

Mögliche Anzeichen für diese Phänomene sind z. B.

- der starke Temperaturanstieg, dieser ist durch die Schutzkleidung fühlbar
- der schnell und dynamisch, dunkel austretende Brandrauch der auch sehr heiß ist
- die Flammenzungen die zwischen der Rauch- und Luftschicht auftreten
- Feuchtigkeit am Fenster, Verdunstung von Wasser

Deshalb, nutze den Seitenkriechgang und beobachte die Rauchgasschicht!!

Rauchgasexplosionen treten hauptsächlich beim Öffnen eines Brandraumes auf, dabei muß der Brand schon eine fortgeschrittene Phase erreicht haben. Sichere Anzeichen gibt es nicht, es gibt Erfahrungen von vielen Feuerwehrangehörigen und folgendes sollte beobachtet werden:

- bei dem Verdacht, das der Brand spät entdeckt wurde und die Brandausbreitung noch relativ gering ist
- der Brandrauch Fenster verrußt oder sogar stoßweise aus Öffnungen austritt
- bei dem Öffnen einer Tür sichtbar Luft in den Raum gesogen wird
- die Türklinken sehr heiß sind

Dann sollte man auf jeden Fall damit rechnen, daß die Gefahr einer Explosion sehr hoch ist!!!

Was sind Pyrolysegase(Schwelgase)?

Unter einer Pyrolyse versteht man die Zersetzung von festen, flüssigen oder gasförmigen Stoffen –dieses meist bei hohen Temperaturen-, wobei aus komplizierten Verbindungen kleinere und eventuell einfacher gebauter Moleküle entstehen. Bei der Verbrennung organischer Stoffe unter Sauerstoffmangel (s. g. Schwelbrand) werden zum Teil Pyrolyseprodukte mit gefährlichen Eigenschaften entwickelt. Dieses sind zum Beispiel extreme Atemgifte in Dämpfen brennbarer Flüssigkeiten, in Auspuffgasen und im Tabakrauch.

Bei der Pyrolyse von Kunststoffen entstehen zum Teil giftige Stoffe. Bei der Pyrolyse von Polyvinylchlorid (PVC) entsteht beispielsweise Salzsäure (HCl) und in geringen Mengen auch Chlor (Cl).

Die eindringende Luft bewirkt im Raum den flash-over, wobei die Pyrolysegase an der Decke abbrennen. **Durch die dabei entstehenden Temperaturen, werden alle brennbaren Gegenstände im Raum thermisch so aufbereitet, das sie ohne Kontakt mit einer Zündflamme abbrennen können!**

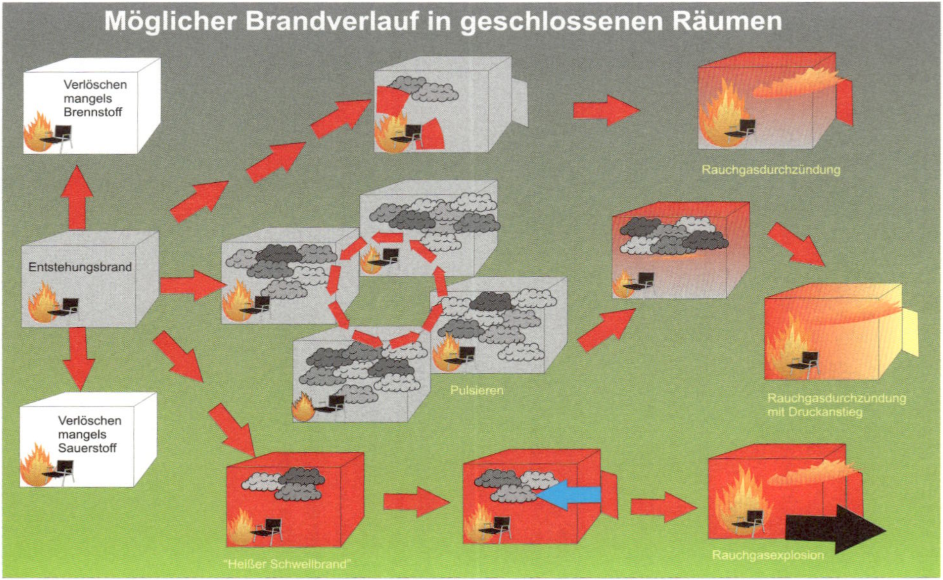

Grafik nach einer Ausbildungsunterlage von Jan Südmersen, Berufsfeuerwehr Osnabrück, und dem Institut der Feuerwehr, Münster.
Danke für die kameradschaftliche Unterstützung.

11.2 Das Öffnen einer Tür

Beim Eindringen in geschlossene Räume innerhalb von brennenden Gebäuden ist GRÖSSTE Vorsicht geboten, es muss immer mit Stichflammen oder Rauchgasdurchzündungen gerechnet werden. (Siehe Kapitel flash-over) Der beste Schutz besteht darin, sich möglichst nah am Boden aufzuhalten, Wandvorsprünge und Türen als Deckung zu

zwei Kräfte in Deckung

benutzen, da sich Stichflammenbildungen und Rauchgasexplosionen in der oberen Raumhälfte abspielen.

Werden Türen in Bereichen mit der Gefahr der Brandausbreitung geöffnet, muss dieses in einer bestimmten Reihenfolge geschehen. Als erstes ist festzustellen in welche Richtung und nach welcher Seite die Tür sich öffnen lässt.

Abtasten der Tür

Wie macht man das, wenn es dunkel ist und man vor lauter Brandrauch die Hand nicht vor Augen sieht?

Der Truppführer tastet mit den Händen die „Türbänder" und das Türblatt/den Türrahmen ab, anschl. kann er beurteilen nach welcher Seite die Tür aufgeht und in welche Richtung. (die Tür geht zum Trupp oder vom Trupp weg auf).

Temperaturcheck der Tür

Anschließend (je nach Situation) wird festgestellt, ob das Türblatt erwärmt ist oder nicht. Wenn dieses mit den Schutzhandschuhen nicht sicher festgestellt werden kann, zieht man einen Schutzhandschuh aus, legt den Handrücken leicht an das Türblatt. Dieses sollte auch immer mit

Türcheck

dem Handrücken getan werden, wenn die Tür richtig heiß sein sollte, arbeitet und kriecht es sich nur sehr schmerzhaft, wenn die Handinnenfläche verbrannt ist (Schutzreflex). Sollte eine spürbare Wärme vorliegen, ist erhöhte Vorsicht beim öffnen der Tür geboten!

Nachdem diese festgestellt wurde, muss sich der Truppmann mit dem Strahlrohr so positionieren, dass er in

Öffnen einer Tür mit der Rettungsschlinge und Axt

Beachte die Öffnungsrichtung, hier z. B. zum Trupp!

die sich öffnende Tür mit dem Strahlrohr spritzen kann. Ihm ist es somit möglich, eine mögliche Durchzündung im Deckenbereich sofort zu bekämpfen, Rauchgase zu kühlen und eine weitere Brandausbreitung zu verhindern. Der Truppmann befindet sich dabei in tiefster Position und wenn möglich in Deckung. Die Aufgabe des Truppführers ist das Öffnen der Tür. Dieses kann auch mit einem Feuerwehrbeil, Rettungsschlinge oder einer Feuerwehraxt geschehen. (Siehe Kapitel Zusatzausrüstung) Auch er

Beachte die Öffnungsrichtung, hier z. B. vom Trupp weg.

nutzt während des Öffnens die Tür oder die Wand als Deckung. Dies ist von der Öffnungsrichtung der Tür abhängig. Der Truppführer befindet sich dabei in der Hocke.

Beachte die Öffnungsrichtung, hier z. B. öffnet sich die Tür **vom Trupp weg.** Der Angriffstruppführer öffnet langsam die Tür, mit der Rettungsschlinge und der Feuerwehraxt, beide Feuerwehrangehörige suchen Deckung hinter der Wand. Sollte nur für einen Feuerwehrangehörigen genügend Platz hinter der Wand sein, weil z. B. in einem Flur nur ein begrenzter Wandvorsprung ist, hat sich der Angriffstruppmann/Strahlrohrführer einige Meter vor die zu öffnende Tür flach auf den Boden zu legen und der Angriffstruppführer öffnet aus der Deckung die Tür.

Beachte die Öffnungsrichtung, hier z. B. öffnet sich die **Tür zum Trupp.** **(siehe Seite 177).** Der Angriffstruppführer öffnet langsam die Tür, nimmt dabei das Türblatt und die Wand als Deckung, der Angriffstruppmann/Strahlrohrführer sucht Deckung auf der anderen Seite hinter der Wand. Sollte auch hier nicht genügend Platz hinter der Wand sein, hat sich der Angriffstruppmann/Strahlrohrführer einige Meter vor die zu öffnende Tür flach auf den Boden zu legen und der Angriffstruppführer öffnet aus der Deckung die Tür.

Wenn die Tür als Deckung genutzt werden muss, ist es wichtig, während des Öffnungsvorganges die Stiefelspitze vor eine gedachte Linie zwischen Knie und Schulter zu Plazieren. Kommt es während des Öffnungsvorganges zu einer Durchzündung im Raum und somit zu einem Druckanstieg, schlägt die Tür gegen die Stahlkappe im Stiefel und nicht gegen Schädel oder Gesicht des Feuerwehrangehörigen.

Rote, gedachte Line, vor der Stiefelspitze

Das Öffnen der Tür hat erst nach Absprache mit dem Truppmann zu erfolgen. Unachtsamkeit kann zu einer Gefährdung des Trupps und zur Brandausbreitung führen. Es wird empfohlen, dem Gruppenführer vor Eintritt in einen neuen Raum, Bereich oder Geschoss eine Information zu geben, damit dieser bei einer möglichen unerwarteten Einsatzlage weiß, wo sich die Trupps befinden.

Können wir als Angriffstrupp unter PA im Innenangriff noch etwas tun, um die Auswirkungen bei dem öffnen einer Tür zu reduzieren? Wir haben eine Tür geöffnet, was sind JETZT die Konsequenzen? Eine Tür kann wesentlich dazu beitragen, dass Rauchgase zurückgehalten werden. Wird eine solche Tür, die eine Rauchgrenze markiert, unvorbereitet geöffnet, ist mit folgenden Konsequenzen zu rechnen:

- Der Rauch breitet sich unkontrolliert schnell aus
- Rettungswege werden unpassierbar
- Menschen in den Stockwerken darüber geraten unter Umständen in Gefahr und Panik
- Angriffs- und Rückzugswege werden länger
- Die Lage wird unübersichtlich
- Sachschäden steigen sprunghaft an

11.3 Alternativer Angriffsweg

In den meisten Fällen gibt es „alternative Angriffswege" für die Feuerwehr. Wir müssen nicht die gewohnten Wege der Hausbewohner benutzen und dadurch Rauchgase in weite Bereiche des Gebäudes hineinlassen, Partikel in Wohnbereiche tragen, die vor dem Einsatz der Feuerwehr noch intakt waren. Im Brandfalle läuft es doch meistens so ab: Hausbewohner sind brandschutztechnische Laien, klar das diese uns den Weg weisen, den sie sonst auch benutzen. Feuerwehrleute sollten Fachleute sein, wir müssen erkennen, dass im Sinne eines „rauchfreien Bereiches" und „wenig Sachschäden" durch Schläuche, Verteilung von Partikel durch eine Menge von Schutzstiefeln, usw. zu verhindern sind.
Oftmals wäre der optimale Angriffsweg „um die Ecke" das Fenster des Brandraumes, auch wenn es das 1. OG ist. Einen qualifizierten Außenangriff oder der Einsatz eines FogNail (siehe Kapitel FogNail) sollte immer dem Weg „durch das ganze Haus" vorgezogen werden. Die Erkundung und die Befragung der möglichen anwesenden Hausbewohner muss in Ruhe durchgeführt und anschließend der Befehl mit den Inhalten „Einheit, Auftrag, Mittel, Ziel, **Weg**" erteilt werden.

11.4 Lüftungsmaßnahmen

Hier wird ganz klar folgender Grundsatz festgehalten:

Lüftungsmaßnahme ist in jedem Fall Führungsaufgabe und muß koordiniert erfolgen, da sonst eine erhebliche Gefährdung der Einsatzkräfte oder anderer Personen möglich ist!

Häufig wird der Drucklüftereinsatz genutzt, um nach einem Brand den Brandrauch schneller abziehen zu lassen. Das Lüften oder auch die Ventilation genannt, ist eine taktische Einsatzform, um die Ziele und die Arbeiten der Atemschutztrupps im Innenangriff bei der Suche und Rettung zu ermöglichen, bzw. auch sicherer zu gestalten, da Rauch und Wärme stark verdrängt werden.

Alle Be- und Entlüftungsmaßnahmen sind mit ALLEN im Innenangriff beteiligten Einsatzkräften abzustimmen, bzw. diese sind zu informieren, um die vorgehenden Trupps nicht zu gefährden!

Hey, SUPER, der Drucklüfter hat alles weggeblasen, da sind die Bilder und Gegenstände in der Wohnung nur so durch die Gegend geflogen!?! Wir als Feuerwehrangehörige stehen immer beim Einsatz auch im Focus der Öffentlichkeit und der Presse. Unser Verhalten und die Wirkung unserer Maßnahmen kann leicht ausgemacht werden. Stellen sie sich vor, bei einem Wohnhausbrand werden die giftigen Rauchgase, Rußablagerungen und Partikel wild durch das Gebäude gejagt, ohne dass es uns qualifiziert gelingt die Rauchgase und die Wärme in das Freie zu leiten. Stellen sie sich vor, nach einem kleinen Küchenbrand ist das Wohnhaus für Monate nicht bewohnbar und der Sachschaden für die Löschwasserentsorgungs-, Rauchschäden-, Sanierungs- und sonstige Entsorgungskosten geht in die Größenordnung eines Neubau dieses Wohnhauses. Die ökologischen Schäden und der Imageverlust für diese Feuerwehr ist hier nicht darzustellen.

Auch durch den qualifizierten Drucklüftereinsatz muss das Ziel sein: Reduzierung des Gesamtschadens, beziehungsweise eine Minimierung von Schäden jeglicher Art. Unabhängig von Paragraphen in verschiedenen Gesetzen gilt bei allen unseren Tätigkeiten der Grundsatz der Verhältnismäßigkeit. Alle Maßnahmen, die unverhältnismäßig sind, haben zu unterbleiben. Es ist nicht fair gegenüber den Betroffenen und auch mit unseren Zielen in den Feuerwehren nicht in Einklang zu bringen, wenn wir billigend in Kauf nehmen, dass Dinge sinnlos zerstört werden, die nicht zerstört werden müssen. Dies muss bei allen unseren Tätigkeiten auch bei einem Einsatz in einem Wohnhauses selbstverständlich sein.

Richtiges Lüften will gelernt sein. Die Feuerwehr ist bemüht, Lüftungsmaßnahmen möglichst schnell und umfassend einzuleiten. Lüftungsmaßnahmen ermöglichen ein schnelleres Auffinden des Brandherdes oder Personen. Weiterhin wird die Gefahr der Rauchgasdurchzündung durch den kontrollierten Brandrauchabzug gemindert. Lüftungsmaßnahmen und der Einsatz des Drucklüfters sind nur nach Absprache mit dem Einsatzleiter durchzuführen, da es ansonsten zu einem unkontrollierten Ausbreiten des Brandrauches kommen kann. Rauch und Wärme sollen reduziert werden, dieses ist auch ok, die Thematik des Lüftens ist aber je nach Gebäudesituation nicht ganz einfach.

Tragbarer Überdrucklüfter

Tragbare Überdrucklüfter werden in der Regel zur Beseitigung von Hitze und Brandrauch aus Fluren und Wohnungseinheiten eingesetzt. Der Drucklüfter muss im Freien, außerhalb des Gefahrenbereiches in Stellung gebracht werden und erst nach Anweisung des Einsatzleiters an einer bestimmten Hausöffnung (Fenster, Tür) in Betrieb genommen werden. Dabei wird der Frischluftstrom in das Gebäude gedrückt. Dieser leichte Überdruck bringt die Luftmassen im Gebäude in Bewegung, dieses in die Richtung der geschaffenen Öffnung (Fenster, Tür, Rauchklappen, usw.) Hier spricht man von dem so genannten Kamineffekt. Durch diesen Effekt werden die giftigen Gase, der Rauch und die Hitze in die Umgebungsluft geblasen.

Es gibt verschiedene Antriebsarten für diese Überdrucklüfter. Die Gebläse werden durch einen Verbrennungsmotor, Wasser, ölhydraulisch oder elektrisch angetrieben.

Überdrucklüfter Tempest 214

Geräte zum Be- und Entlüften

Das tragbare Be- und Entlüftungsgerät

Tragbare Be- und Entlüftungsgeräte dienen zum Be- und Entlüften von Räumen, Geschossen und Gebäudeteilen. Ein Hochleistungsventilator wird von einem ex-geschützten Drehstrommotor angetrieben. Dieser kann für einen blasenden und saugenden Einsatz genutzt werden. Für den so genannten blasenden Einsatz sowie für die Schaumförderung kann eine aus transparentem Kunststoff bestehende Drucklutte eingesetzt werden. Die Lutten werden mit Hilfe von Verbindungsschellen am Gerät bzw. auch miteinander verbunden. Außerdem kann dem Be- und Entlüftungsgerät ein Schaumerzeuger vorgeschaltet werden, dieses zum Beispiel für das "Fluten" eines Kellerbereiches.

Be- und Entlüftungsgerät (Fa. Auer)

Einsatzgrundsätze für den Be- und Entlüfter

a) Das Gerät ist ex-geschützt und darf zum Absaugen von Stoffen bis zur max. Temperaturklasse T3 verwendet werden.

b) Die Sicherung des Stromführenden Gummikabel wird nach dem Verkuppeln des Steckers mit der Muffe und anschließend durch einen Schalter am Stecker betätigt. Erst dadurch wird der Stromfluss freigeschaltet und beide Kupplungsteile werden miteinander verriegelt.

Vorsatzflansche

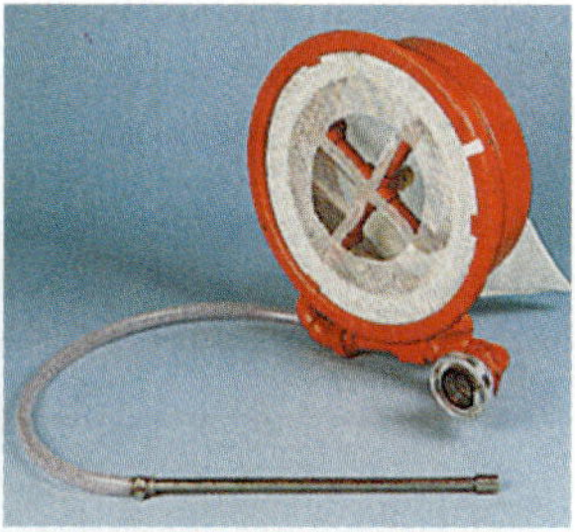

Schaumerzeuger

Verbindungschellen

Lutte

Einsatzgrundsätze für Überdrucklüfter

a) Der Einsatz eines Überdrucklüfters ist mit der Einsatzleitung abzustimmen.

b) Alle im Gebäude befindlichen Trupps müssen vor dem Einsatz des Überdrucklüfters informiert werden.

c) Ein Feuerwehrangehöriger hat sich in der Nähe des Drucklüfters beim Einsatz aufzuhalten.

d) Es ist auf die Abgasentwicklung bei Drucklüfter mit Verbrennungsmotoren zu achten. Die Abgase sind aus dem Hauseingang/Flur/usw. abzuleiten.

Vorgehensweise der Unterdruckventilation und Überdruckbelüftung

* Zur Druckbelüftung „mechanische Zwangsbelüftung", unter Verwendung von Überdruckbelüftern, kommen derzeit zwei Methoden zur Anwendung:

Unterdruckventilation

---

* Kapitel und Abbildungen entnommen aus: Dubig – Technische Hilfe ISBN 3-88293-057-8, Wenzel-Verlag

Druckbelüftung

Unterdruckventilation

- Gebläse im zu entlüftenden Raum
- Blasrichtung nach außen gerichtet
- Zustrom von Frischluft über 2. Öffnung

Vorteile:

- schnellere Entrauchung als bei natürlicher Methode
- schnelle Lokalisierung des Brandherdes
- einfache Inbetriebnahme des Gerätes
- schafft gleichmäßige Entrauchung am Boden, im Deckenbereich und in den Ecken

Nachteile:

- nicht im Ex-Bereich anwendbar
- Angriffstrupp begibt sich beim Aufstellen des Gerätes in gefährliche Situation
- giftige Ablagerungen im Gebläse möglich
- Geräte können Zu- und Ausgang des Gebäudes blockieren
- hohe Lärmbelästigung
- in höherliegenden Geschossen ist die Methode weniger wirksam.

Überdruckbelüftung

- Gebläse außerhalb Gebäude/Raum
- Blasrichtung in Gebäude/Raum hinein
- Abgase entweichen über 2. Öffnung

Vorteile:

- alle Vorteile der Unterdruckbelüftung
- kein Ex-Schutz notwendig
- Angriffstrupp arbeitet mit Frischluft im Rücken und besseren Sichtverhältnissen
- Luftstrom durch Öffnen oder Schließen von Türen/Fenster usw. leitbar
  (wichtig für Evakuierungsmaßnahmen)

Nachteil:

- mit Rauch und Hitze können zündfähige Gasgemische transportiert werden
  (Sicherungsmaßnahmen notwendig)

siehe:
Dubig – Technische Hilfe

BEACHTE bei Überdruckbelüftung:

1. Positionierung der Geräte:

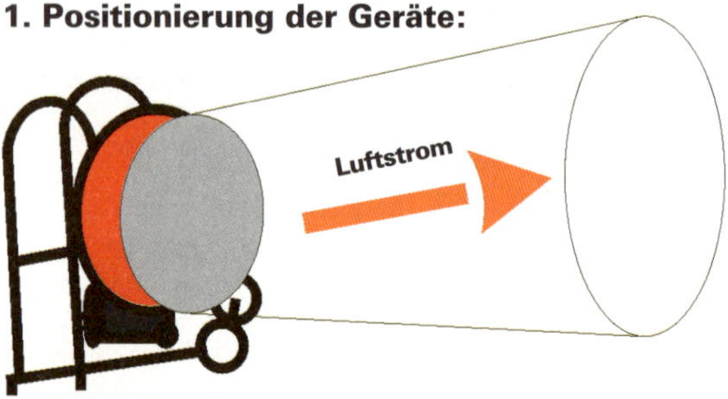

Luftstrom des Überdruckbelüfters

Der vom Belüftungsgerät erzeugte Luftstrom hat einen kreisförmigen Querschnitt, der sich mit zunehmendem Abstand vom Gerät vergrößert. Beim Einsatz eines einzelnen Gebläses ist der optimale Standort abhängig von der Größe der Eingangsöffnung, der Größe und Leistung des Gebläses und dem Abstand zur Eingangsöffnung.

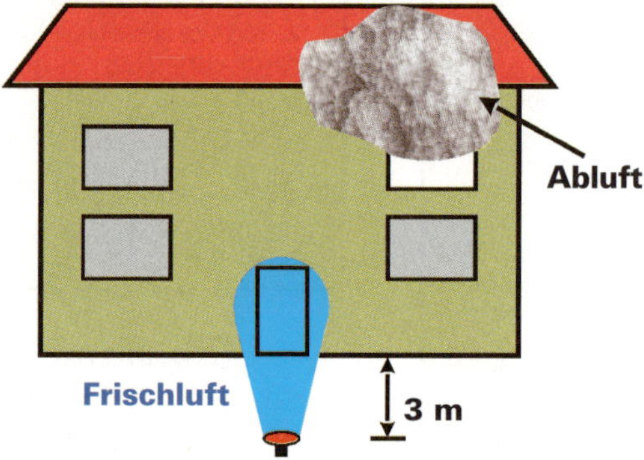

Positionierung des Lüfters bei Überdruckbelüftung

Der Lüfter wird 2–3 Meter vom Gebäude entfernt so aufgestellt, dass der Frischluftkegel die Tür- oder Zugangsöffnung abdeckt. Kleine Gebläse stehen besser von der Öffnung etwas weiter weg, große dagegen näher zur Einlassöffnung.

2. Einsatz mehrerer Geräte:

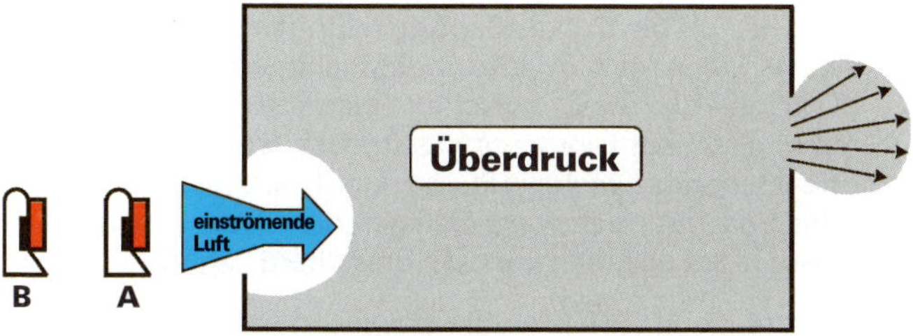

Einsatz von mehreren Gebläsen

Bei sehr breiten Öffnungen zwei Lüfter nebeneinander einsetzen, bei sehr hohen Öffnungen zwei Lüfter nötigenfalls übereinander aufstellen. Können mehrere Lüfter gleichzeitig eingesetzt werden, wird der Belüftungsvorgang stark beschleunigt. Bei normal großen Türen wird die beste Wirkung erzielt, wenn zwei Geräte hintereinander aufgestellt werden. Das Gerät „B" schließt die Eingangsöffnung ab, führt aber zusätzlich noch Frischluft über das Gerät „A" in das Gebäude, wodurch sich die von Gerät „A" abgegebene Luftleistung um etwa 10% erhöht. werden zwei Geräte verschiedener Größe verwendet, so ist das größere Gerät etwa 1 m vor dem Eingang aufzustellen, während das kleinere Gerät dahinter den Abschluss der Eingangsöffnung bewirkt. Das größere fördert sein Gesamtvolumen in das Gebäude.

Ob der Luftstrom die Eingangsöffnung optimal „abdeckt" kann man mit den Händen erfühlen und so den Abstand bzw. die Neigung des Gerätes verändern.

3. Gebäudeauslassöffnungen: die idealen Abmessungen der Auslassöffnungen (Fenster, Türen) bei Anwendung der Überdruckbelüftung sind abhängig von der Pressung der eingesetzten Gebläse. Sie variieren zwischen 3/4 bis 13/4 der Größe der Eingangsöffnung. Da sich der Überdruck im Gebäude am schnellsten bei einem günstigen Verhältnis zwischen Einström- und Austrittsöffnung aufbaut, kann es nötig sein, dass der Angriffstrupp offenstehende Fenster in Fluren oder Treppenaufgängen schließen muss und zwar diejenigen, die von der Einströmöffnung aus gesehen vor dem Brandherd liegen.

Entsprechende Erfahrungswerte sind durch Ausbildung und Übung leicht zu sammeln.

Einsatzhinweise

Belüften eines „Toten Raums"

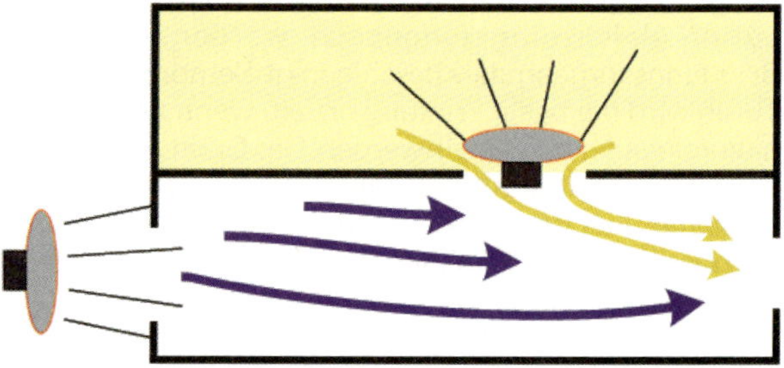

Als „Toten Raum" bezeichnet man einen Raum, bei dem es nur eine Öffnung gibt. Um hier erfolgreich zu belüften, muss ein Lüfter direkt in die Öffnung des Raums gestellt werden. Ein zweiter Lüfter wird so in Stellung gebracht, dass er den durch Überdruck ausströmenden Rauch in Richtung einer Öffnung nach außen befördert.

Belüften eingeschossiger, mehrräumiger Wohnungen

Gebäude, bei denen mehrere Räume verraucht sind, müssen Raum für Raum belüftet werden. Die größte Wirkung bietet eine fortlaufende Belüftung. Es werden Öffnungen so geschaffen, dass immer nur ein Raum belüftet wird.

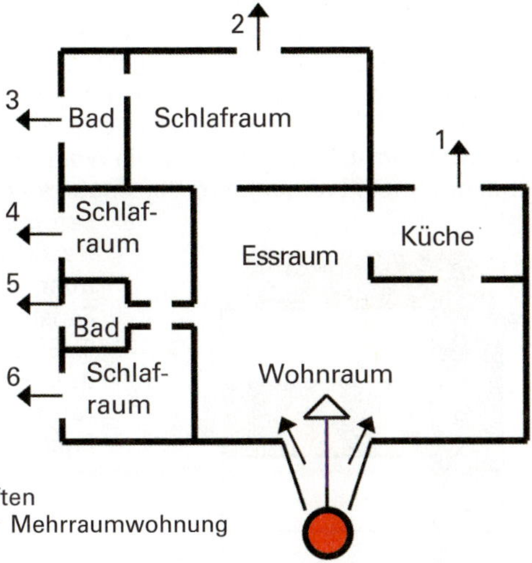

Belüften
einer Mehrraumwohnung

Um die dargestellte Wohnung zu entrauchen, wird zunächst die Außentür der Küche geöffnet um Wohnraum, Essraum und Küche zu belüften. Danach die Außentür schließen und das Fenster 2 sowie die Türen des Schlafraums öffnen. Nach Belüftung das Fenster schließen und in gleicher Weise bei den Badezimmern und anderen Schlafzimmern verfahren.

Belüften mehrgeschossiger Gebäude

Sie werden grundsätzlich von unten beginnend belüftet, wobei zunächst obere Öffnungen geschlossen bleiben. Bei der Belüftung des 1. Obergeschosses sollte man die Öffnungen des Erdgeschosses, nachdem dieses belüftet wurde, schließen und das Gerät an seinem Ort belassen. Auf diese Art geht man etagenweise vor, wobei das Gebläse außerhalb des Gebäudes steht. Der Gebäudetyp entscheidet, ob horizontal oder vertikal entlüftet werden soll. Treppenhäuser werden vertikal, die übrigen Räume horizontal belüftet. Die Abbildung zeigt die Vorgehensweise bei einem Brand im 4. Obergeschoss. Die Wohnung und der Treppenraum sind verqualmt. der erzeugte Überdruck befördert die Rauchgase über offene Fenster im 5. Stock und des Brandraumes ins Freie.

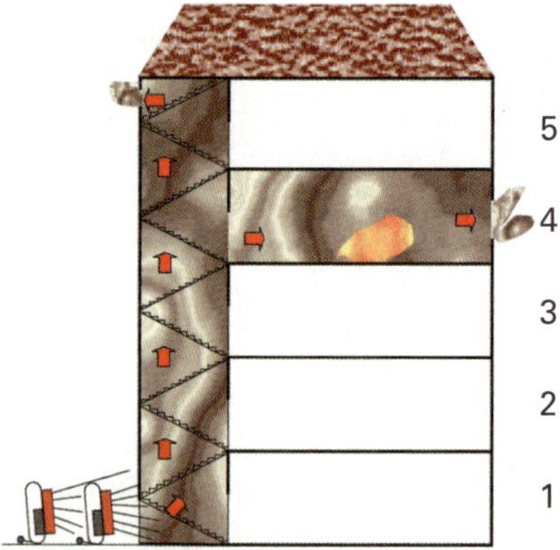

Brand im 4. Obergeschoss

ACHTUNG!

- Rauch und toxische Gase sind meist gefährlicher als die Flammen selbst. Der Rauch bewegt sich von unten nach oben, auch in Öffnungen und Schächten bis zum höchsten Punkt, den er erreichen kann. Er breitet sich hier aus und staut alle nachkommenden Abgase auf. Der Rauch wird so in alle ihm zugänglichen Räume eindringen, also auch in tiefer gelegene Stockwerke
- Es ist stets zu überprüfen, welche Treppenhäuser zu welchen Geschossen führen und welche Treppenhäuser für die Einsatzkräfte zugänglich sind
- Beim Vorgehen können die Feuerwehrleute auf zuvor verdecktes Feuer und Rauch stoßen, es ist mit größter Vorsicht, unter Beachtung der taktischen Grundregeln, zu agieren.

Die Querbelüftung eines verqualmten Geschosses in einem Hochhaus ist relativ einfach zu realisieren. Mittels Gebläse wird im Treppenhaus eine vertikale Ventilation erzeugt.

Der Rauch wird zu einem offenen Fenster geführt, dass möglichst auf der Leeseite des Gebäudes liegt. Innerhalb der Treppenhäuser wird der Rauch von selbst nach obengetragen.

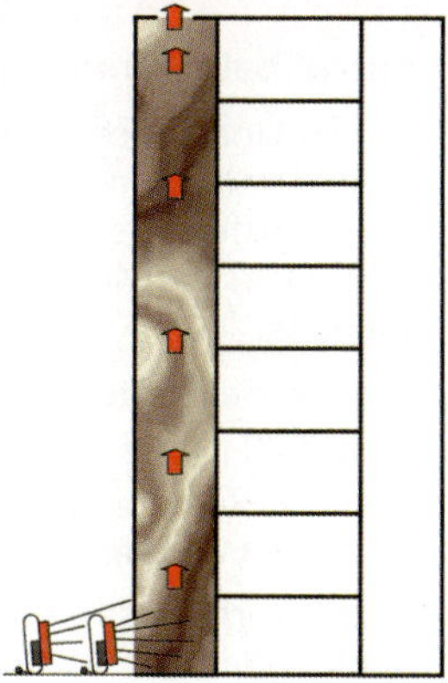

Vertikalbelüftung

Bei Gebäuden von 25 und mehr Stockwerken kann das Aufstellen eines zweiten Gebläses vor dem Quergang notwendig werden, um den Luftstrom zu verstärken. Befindet sich ein bis zum Dach reichendes Treppenhaus in der Nähe, so sollte der Rauch dorthin geleitet werden.

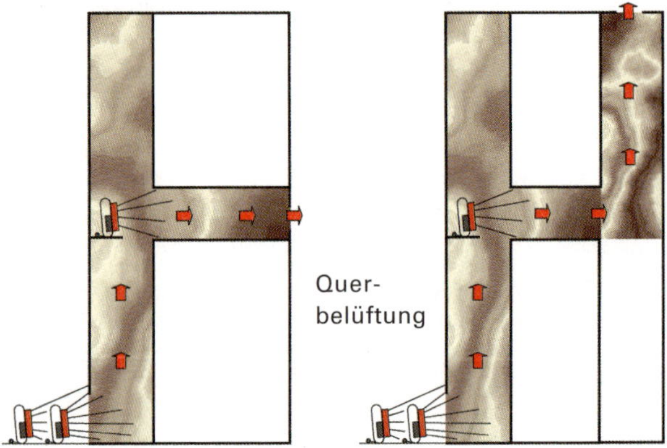

Kontrollbelüftungen

Mit der Überdruckbelüftung besteht die Möglichkeit, Brandräume dahingehend zu kontrollieren, ob das Feuer auch gänzlich gelöscht ist. Unmittelbar nach dem Löschprozess bewirkt der Frischluftzug durch ein Gebäude folgendes:

- Die gespeicherte Hitze wird samt der Luftfeuchtigkeit reduziert
- Vorhandener und noch entstehender Rauch kann reduziert werden
- Noch vorhandene Konzentration an Kohlenmonoxid kann minimiert werden

Messungen haben gezeigt, dass ein Wert von 1000 ppm Kohlenmonoxid durch Ventilation schnell auf 200 ppm zu reduzieren ist.

Anmerkung:

- 400–500 ppm haben, über eine Stunde eingeatmet, keine gesundheitlichen Folgen
- 600–700 ppm/h haben negative gesundheitliche Folgen
- 1000–1200 ppm/h sind gefährlich
- 4000 ppm/h und darüber sind lebensgefährlich.

Die Wirkung eines Kontrollgebläses ist von seiner Größe abhängig. Ein Einzelgerät mit einer Leistung von

ca 10 000 h^3/h ist für eine Fläche von 200 m^2 bis 300 m^2 geeignet.

Mögliche Probleme

- Der Brand kann in Hohlräume gedrückt werden (Zwischendecken etc.)
- Vorsicht bei staubbelasteten Objekten (Schreinereien, Bäckereien etc.)
- Rauch wird in Bereiche gedrückt in denen er unerwünscht ist
- Durch den Luftstrom wird das Feuer angefacht

Grundschritte der Überdruckbelüftung

1. Platzierung des Lüfters
2. Schaffung der Abluftöffnung
3. „Versiegelung" der Zuluftöffnung mit Hilfe des erzeugten Luftkegels
4. Luftstrom zwischen Zuluft- und Abluftöffnung

Abluftöffnung

- die Öffnung sollte etwa so groß wie die Zuluftöffnung sein (zw. 75% und 150%)
- An der Abluftöffnung kann es zu Stichflammen kommen Þ Rohr in Bereitstellung
- Die Abluftöffnung sollte möglichst nah am Brandherd sein
- Die Abluftöffnung sollte geschaffen werden **bevor** der Lüfter in Betrieb geht

Arten von Überdrucklüftern

- Lüfter mit Wasserturbine 820/400 m^3/min
- Lüfter mit Verbrennungsmotor 480 m^3/min
- Lüfter mit Elektromotor 280 m^3/min
- Lüfter mit Elektromotor (Akku) 320 m^3/min

Wassergetriebene Lüfter

Vorteile:

+ leise
+ keine Abgase
+ hohe Leistung
+ Erzeugung von Wassernebel möglich
+ lageunabhängig

Nachteile:

– aufwendige Inbetriebnahme
– 2. Pumpe erforderlich

Motorgetriebene Lüfter

Vorteile

+ Schnell und einfach einsetzbar

Nachteile

- laut
- Abgase
- Funktion lageabhängig
- Kraftstoff muß nachgefüllt werden

Elektrolüfter (Kabel)

Vorteile:

+ leise
+ keine Abgase
+ lageunabhängig

Nachteile:

- Generator erforderlich
- um ca. 30% geringere Leistung als L. mit Verbrennungsmotor

Elektrolüfter (Akku)

Vorteile:

+ leise
+ keine Abgase
+ lageunabhängig
+ sofort einsetzbar

Nachteile:

- **begrenzte Einsatzdauer**
- **relativ geringe Leistung**

Taktisches Vorgehen

1. Ist zum jetzigen Zeitpunkt Ventilation notwendig? Müssen Rauch, Wärme oder andere Gase entfernt werden?
2. Sind alle Trupps im Innenangriff, die Einsatzleitung und die Atemschutzüberwachung, informiert?
3. In welchem Gebäudeteil ist Ventilation notwendig?
4. Welche Öffnungen sind vorhanden bzw. können geschaffen werden?
5. Welche Art Ventilation kommt in Frage?

Häufig gemachte Fehler:

- Es werden zu viele Abluftöffnungen geschaffen (alle Treppenraumfenster werden z.B. geöffnet)
- Der Lüfter wird falsch platziert z.B. mitten im Eingang
- Die Brandbekämpfung wird ohne Lüfterunterstützung durchgeführt
- Es wird zu spät eine Abluftöffnung geschaffen
- Keine Koordination der Lüftung

Niemals

- durch eine Abluftöffnung Wasser geben
- ohne Rücksprache die Öffnungssituation verändern

- In unbekannten Gebäuden Überdruck erzeugen ohne eine Abluftöffnung geschaffen zu haben
- durch eine Abluftöffnung ein Gebäude betreten

Nachlöscharbeiten

- Alle 15 min die Lüftung unterbrechen damit die Druckverhältnisse sich normalisieren und Schadstoffe weiter ausgasen können
- Umluftunabhängigen Atemschutz tragen
- So lange wie möglich den Lüfter in Betrieb lassen, da noch Schadstoffe vorhanden sind

Zusammenfassung

- Kein eigenmächtiges Öffnen und Schließen von Öffnungen, alle Maßnahmen müssen mit der Einsatzleitung abgestimmt sein und die Trupps im Innenangriff müssen über die Vorgehensweise informiert werden!
- Vorsicht an der Abluftöffnung
- Vorsicht in unbekannten Gebäuden
- Richtige Ventilation erhöht die Sicherheit der eingesetzten Trupps und erleichtert den Löschangriff
- Lüftung und Löschangriff müssen aufeinander abgestimmt sein
- Der Lüfter muß richtig platziert sein, die Öffnungen sollten gleich groß sein

11.5 Kommunikation

Grundsätzlich darf ein Trupp unter Pressluftatemschutzgerät nur mit einem 2-Meter-Gerät zum Einsatz gehen. Ohne diese Verbindung zur Einsatzleitung und Atemschutzüberwachung darf kein Einsatz geschehen.

Eine konsequente Bestätigung aller abgesetzten Lagemeldungen muß durchgeführt werden. Dieses ist notwendig, damit in einer kritischen Situation der eingesetzte Trupp unter PA vom Rettungs- & Reservetrupp gefunden werden kann. Das bedeutet auch, das der Trupp bevor er in einen anderen Raum, Bereich oder ein Geschoss geht, eine Lagemeldung absetzt und sich diese auch bestätigen lässt.

Es müssen in den einzelnen Städten und Gemeinden EINHEITLICHE NOTZEICHEN vereinbart werden.

Dieses könnte zum Beispiel **sein „ACHTUNG; MAYDAY".** Es muss für alle eine „Wahrnehmbarkeit" bestehen.

Ist dies der Fall, **muss sofort der Rettungstrupp eingesetzt werden.** Grundsätzlich ist dieses **Notfall-Einsatzstichwort „ACHTUNG – MAYDAY"** für die mögliche kritische Lage festzulegen, dieses geht dann immer über den 2-Meter Kanal und hat zur Folge, das **nur noch die Einsatzleitung oder Atemschutzüberwachung mit dem in Not geratenen Trupp spricht!**

Die Notfallmeldung wird wie folgt abgesetzt:

Kennwort: ACHTUNG – MAYDAY

Hilfe suchende
Einsatzkraft unter PA: hier – Funkrufname –
– Standort –
– Lage –

D. h. der Rettungstrupp wird über diesen Kanal koordiniert und nimmt auch Verbindung mit dem in Not geratenen Trupp auf.

Für den absoluten Notfall auch eine Signalpfeife mitführen!

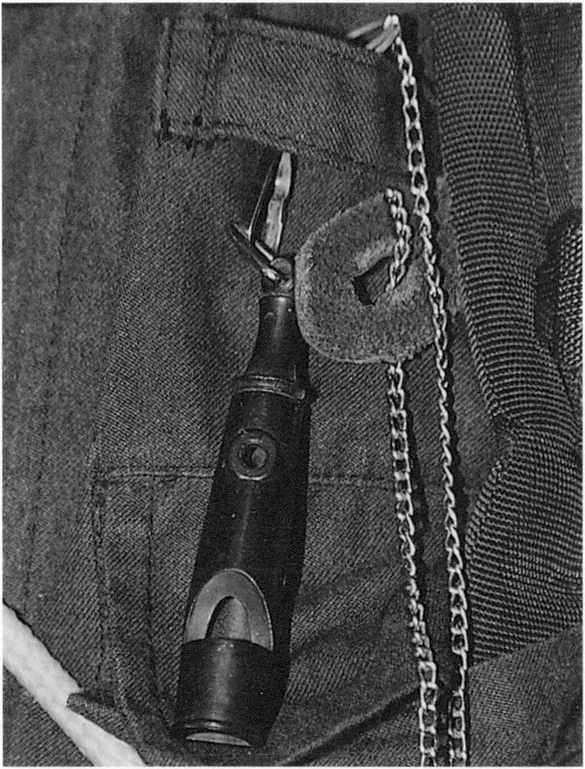

Signalpfeife

11.6 Suchtaktik unter Atemschutz
11.6.1 Suchbreite
11.6.2 Tauchertechnik – Die Suche in größeren Räumen
11.6.3 Erste und zweite Suche
11.6.4 Einsatzformen
11.6.5 Raum für Raum
11.6.6 Einsatz des Sicherheitsgurt, der Bandschlinge und der Führungsleinen
11.6.7 Qualifiziertes Absuchen von Nutzungseinheiten
11.6.8 Qualifiziertes Absuchen von Brand- bzw. Rauchabschnitten
11.6.9 Einsatz auf mehreren Etagen

11.6 Suchtaktik unter Atemschutz

Ein doch sehr wichtiges Thema, wenn wir uns vor Augen halten, das doch viele Feuerwehrangehörige wenig Einsatzerfahrung haben und gerade Personensuche bei Brandeinsätzen eine physische Belastung und enormen Druck im Sinne der psychischen Belastung darstellen. Siehe auch das Kapitel 18. „Physische und psychische Belastung während und nach dem Einsatz"

Ein taktischer Einsatzgrundsatz bei der Personensuche unter **PA muss** unbedingt eingehalten werden:

Feuerwehrangehöriger, Du sollst **immer** zuerst die Person retten, die Du **siehst,** auf jeden Fall dann die Person retten, zu deren Aufenthaltsort Dir **konkrete Hinweise** vorliegen, bzw. die Du **hörst!** Auf jeden Fall zuletzt die Personen retten, die **vermutet** werden und erst dann das gesamte Gebäude absuchen!

Nur so kann man taktisch und erfolgreich unter PA Personen im Gebäude suchen und retten!

Die Suche innerhalb von Räumen muss sehr zügig und methodisch erfolgen. Wir dürfen uns nicht unnötig mit der Suche aufhalten, da dadurch die Überlebensaussichten gefährdeter Personen in denen von uns noch nicht abgesuchten Räumen sinken. Andererseits müssen wir sehr gründlich vorgehen, um die gefährdeten Personen nicht zu verletzen oder zu übersehen! Da Menschen unter extremen Stress (siehe das Kapitel Stress) in Angstzustände geraten können, ist auch eine mögliche irrationale Handlungsweise insbesondere bei Kindern möglich.

Zwei Kräfte unter PA, im Seitenkriechgang, mit der Axt voraus.

Deshalb müssen alle Bereiche gezielt abgesucht werden, in denen ein Mensch Schutz suchen könnte. (Schränke, Bettkästen, Wäschebehälter, unter Treppen, usw.) Gerade in solchen für einen Atemschutzgeräteträger schwer zugänglichen Bereich, ist der Einsatz einer Feuerwehraxt, mit deren Stiel wir unsere Armreichweite vergrößern können, sehr effizient.

Durch eine Feuerwehraxt kann der Suchradius vergrößert werden, beide Kräfte haben sich mit dem Karabinerhaken und/oder der Bandschlinge eingehängt.

11.6.1 Suchbreite eines Trupp

Gerade das schnelle, genaue und qualifizierte Absuchen kann uns helfen, erfolgreich eine Suche zu beenden. Die **Suchbreite** wird durch die Truppstärke in der Regel 1/1 begrenzt. Der Trupp kann eine Suchbreite von ca. 3 Meter abdecken. Dieses geschieht indem sich der Truppmann am Karabiner des ausgehängten Sicherungsseiles des Truppführers einhängt und dieses spannt. Durch diese Maßnahme wird verhindert, dass sich der Trupp ungewollt trennt. Beide Truppmitglieder befinden sich in Bodennähe und können weiterhin frei agieren. Es ist darauf zu achten, dass man „eine Richtung, rechts oder links" beibehält und z. B. der Truppführer mit der Hand an der Wand „entlang streift" und der Truppmann/Strahlrohrführer an der ausgestreckten Hand das Strahlrohr mit dem C-Schlauch mitführt.

Diese Suchbreite kann man nochmals um 1,50 Meter vergrößern, in dem man die Bandschlinge / Rettungsschlinge zwischen die beiden Karabiner einhängt. D. h., wenn der Trupp so vorgeht, immer an der Wand entlang, kann eine Suchbreite von 9 Meter erreicht werden, in dem der Trupp einmal alle Wände eines Raumes abgeht.

Der Truppführer beginnt mit der Aufschlagrichtung der Tür zu durchsuchen. D. h., schlägt die Tür nach rechts, bewegt er sich mit der rechten Hand an der Wand entlang; schlägt die Tür nach links auf, dann mit der linken Hand. Der Truppführer kann nun mit der anderen Hand und der Feuerwehraxt (mit dem Stil voraus) einen weiteren Bereich zusätzlich zu den o. g. 3 Metern Suchbreite erfassen!

Der Trupp unter PA mit den Karabinerhaken gesichert, der Truppführer ist mit der linken Hand an der Wand, der Truppmann hat die linke Hand am Strahlrohr mit dem C-Schlauch

Gleichzeitig zur Suche sind die Fenster zu öffnen, hierdurch wird der Raum schnell Rauchfrei gemacht und das Suchen erleichtert!

11.6.2 Tauchertechnik – Die Suche in größeren Räumen

Sollte der Raum (Garage, Halle, Werkstätten, usw.) eine Größe von 10 x 10 Meter überschreiten, wird die s. g. Leinensuchtaktik – Tauchertechnik empfohlen, d. h. mit dem druckführenden Schlauch!!!. Die Feuerwehrleine wird im Eingangs/Zutrittsbereich des Raumes befestigt, Meter für Meter wird in Bodennähe mit Hilfe der Leine der Raum „bogenartig" abgesucht. Wichtig ist: Die Sicherungsleine muss außerhalb des Gefahrenbereiches befestigt werden. (z. B. an der Tür des zu durchsuchenden Raumes)

Der Truppmann geht an der Wand in Länge der freigegebenen Feuerwehrleine entlang und schlägt einen Bogen in den Raum, d. h. von Wand zur Wand. Dann wird die Leine um einen weiteren Meter aus dem Leinenbeutel geholt und er wiederholt diesen Vorgang. Dieses so oft, bis die der Raum „bogenartig" begangen worden ist.

Wird ein kontrollierter Raum verlassen, muss die Sicherungsleine aus diesem zurückgezogen werden, um den kürzesten Rückweg zu sichern.

11.6.3 Erste und Zweite Suche

Der Zeitdruck ist immer da, wir müssen möglichst schnell die Personen finden um die Überlebenschanchen zu verbessern. Hier soll aufgezeigt werden, wie man möglichst schnell und effizient die Suche organisieren kann.
Die **Erste Suche** ist eine schnelle und oberflächliche Suche in Bereichen, wo die Wahrscheinlichkeit groß ist, das sich dort Personen aufhalten. (Kinderzimmer, Schlafzimmer) Siehe auch hier das Kapitel „Kennzeichnung von Türen/Erste und Zweite Suche".

Die **Zweite Suche** beginnt **sofort** nach der Ersten Suche. Bei dieser Suche werden alle Räume durchsucht, die entsprechenden Lagemeldungen sollen gegeben werden. Es wird empfohlen (je nach Lage) die zweite Suche von einem weiteren Trupp durchführen zu lassen, um mögliche Flüchtigkeitsfehler es ersten Trupps zur Korrektur zu bringen.

11.6.4 Einsatzformen bei der Suche

Bei dem s. g. **getrennten Einsatz** gehen die Trupps zur Suche und Rettung getrennt von den Trupps zur Brandbekämpfung vor. Dieses ist nicht immer möglich, je nachdem wie viele Einsatzkräfte vorhanden sind und wie die Lage aussieht.

Bei dem s. g. **geschlossenen Einsatz** gehen die Trupps zur Brandbekämpfung und Personensuche vor. Diese Vorgehensweise muss immer dann durchgeführt werden, wenn der Bereich in dem die Person vermisst wird, direkt vom Brand betroffen ist. Siehe auch hier den Einsatzgrundsatz „nur mit druckführendem Schlauch".

11.6.5 Raum für Raum

In Einsätzen „Brandbekämpfung oder Personensuche" ist es sinnvoll, **Raum für Raum zu Kennzeichnen.** D. h. bereits kontrollierte Bereiche sind anschließend zu kennzeichnen. Vorhandene Türen sind durch den Truppführer mittels Ölkreide zu kennzeichnen. Dadurch wird ein erneutes Durchsuchen durch weitere Trupps verhindert. Im unteren Drittel der Tür ist ein **„/"** für einen **„einfach"**, ein **„X"** für einen **„zweifach"** abgesuchten und ein **„?"** für einen unkontrollierten Bereich/Raum aufzuzeichnen.

Kenn-
zeichnung
eines
„zweifach"
abgesuchten
Bereichs.

So sollten Türen gekennzeichnet sein: Mit einem Faserstift oder einer Öl/Fettkreide wird ein Querstrich (/) für die „einfache Suche" und zwei Querstriche (X) für die „zweifache Suche" auf dem Türblatt angebracht.

Grundsätzlich muss beim Absuchen gewährleistet sein, das alle Räume eines Bereiches kontrolliert werden. Immer in eine Richtung, rechts oder links. Folgt der Trupp in einem Flur kontinuierlich dem Wandverlauf, ist sichergestellt, daß kein Raum übersehen wird. Nach dem Auffinden aller Räume gelangt der Trupp zwangsläufig zum Ausgangspunkt der Suche zurück.

Brennt es in einem Raum des abzusuchenden Bereiches, kann die Vorgehensweise „immer eine Richtung, der Wand entlang, so schnell und tief wie möglich in das Gebäude vor", zu einer Gefährdung führen, da sich der Brand auch im „Rücken" des Trupps befinden kann. Um diese Gefahr auszuschließen, ist es in engen Fluren möglich und wichtig, auf beiden Seiten des Flurs nach Räumen zu suchen. Die Gefahr, das Zugänge zu Räumen übersehen werden ist hier jedoch je nach Verrauchung groß.

11.6.6 Einsatz des Feuerwehrsicherheitsgurt, der Bandschlinge und der Führungsleine

Sicherheitsgurt

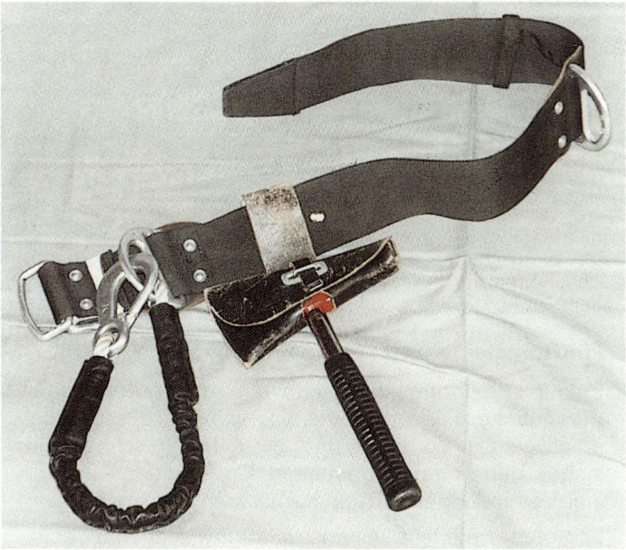

Feuerwehrsicherheitsgurt

Der Feuerwehrsicherheitsgurt gehört zur persönlichen Ausrüstung und dient nicht nur zur Eigensicherung gegen Absturz mit dem Karabinerhaken und zum Mitführen des Feuerwehrbeils. Mit dem Feuerwehrsicherheitsgurt kann man auch in Kombination mit der Bandschlinge die Suchbreite erweitern, Personen retten und auch die Führungsleine zum Einsatz bringen.

Bandschlinge

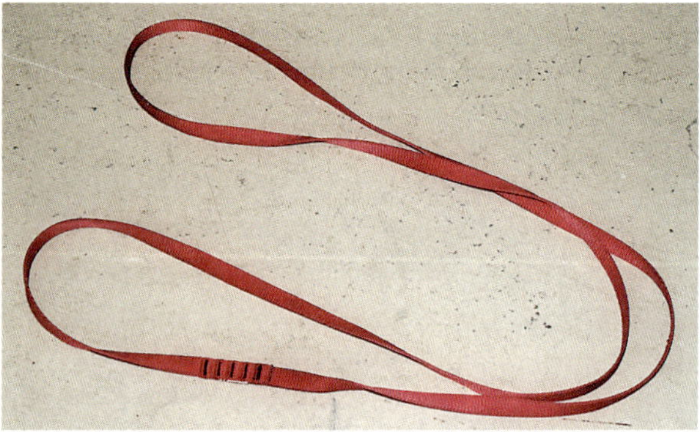

Die Bandschlinge sollte jeder Atemschutzgeräteträger mit sich führen; in diesem Buch wird die Anwendung auf den Seiten 146 und 173 gezeigt.

Führungsleine und Leinensysteme

In der Abbildung sieht man die Anwendung einer **persönlichen Führungsleine,** diese ist in jedem Fachhandel erhältlich. Der Vorteil ist, dass der Kamerad schnell und sicher den Bereich absuchen kann und es immer eine Verbindung zum Trupp-Kameraden gibt.

Es gibt verschiedene Leinensysteme im Fachhandel; es ist bei diesen Systemen immer darauf zu achten, dass man

sich auf keinen Fall fest einknotet! In der Regel wird mit s.g. Hauptführungsleinen gearbeitet, hierbei nutzt man einen Karabinerhaken, um sich in diesem Bereich zu sichern und fortzubewegen.

11.6.7 Qualifiziertes Absuchen von Nutzungseinheiten

Wenn wir die Suche innerhalb eines Raumes abgeschlossen haben, wenden wir uns dem nächsten Raum zu. Mehrere Räume bilden eine sogenannte Nutzungseinheit, dies kann z. B. eine Wohnung, ein Büro oder auch eine Praxis sein. Grundsätzlich behalten wir das Suchschema bei, das wir zum Absuchen eines Raumes bereits kennen gelernt haben. Es wird lediglich so erweitert, dass wir beim Eindringen in die Nutzungseinheit solange systematisch vorgehen, bis alle Räume innerhalb der Nutzungseinheit abgesucht sind, das heißt, bis wir wieder an den Eingangsbereich zurückkommen.

Dabei ist es notwendig, die bereits abgesuchten Bereiche eindeutig zu kennzeichnen, um die Suche koordiniert durchzuführen. Möglichkeiten der Kennzeichnung siehe das Kapitel Kennzeichnung von Türen, „Erste & Zweite Suche".

11.6.8 Qualifiziertes Absuchen von Brand- bzw. Rauchabschnitten

Bauliche Anlagen müssen in bestimmte Abstände nach dem Baurecht eingeteilt werden, dieses sind sogenannte Brand- bzw. Rauchabschnitte. Hintergrund ist eine Vermeidung von Schadensausweitungen im Brandfall. Solche Abschnitte umfassen in der Regel mehrere Nutzungseinheiten.

Auch hier können wir unser bisheriges Suchschema für das Absuchen von Nutzungseinheiten konsequent verwenden, indem wir es einfach systematisch ausweiten.

Das Absuchen einer verqualmten Nutzungseinheit nach vermißten Personen kostet Zeit, aus diesem Grund sollte gerade in größeren Bereichen mehrere Trupps parallel eingesetzt werden. Um sich nicht gegenseitig zu behindern, müssen diese Trupps jeweils auf der anderen Geschossseite eingesetzt werden.

11.6.9 Einsatz auf mehreren Etagen

Stell Dir vor, es ist ein ausgedehnter Brand im EG, die Etagen 1 bis 5 sind auch verraucht und die Lage ist nicht klar.

Auf jeden Fall wird hier empfohlen, das der Trupp unter PA der zur Menschenrettung eingesetzt wird, wie folgt vorgeht: Zuerst das 1 OG, das 2 OG und dann das 5 OG durchsuchen.

Anschließend **muss** um zweifelsfrei festzustellen ob in den anderen OG auch keine Personen sich befinden, **alle** Etagen (hier in diesem Beispiel die Etage 3 und 4) noch durchsucht werden. D. h., vom Kellergeschoß bis zur obersten Etage **muss** alles kontrolliert werden! Gibt es in irgendeinem Bereich auch nur der kleinste Verdacht das sich dort Menschen aufhalten, **muss** dieser Bereich zur Not mit Gewalt geöffnet werden. Beachte aber auch hier die Hinweise in diesem Buch „Alternative Angriffswege – wir müssen nicht alles zerstören"

Im Anschluss oder auch parallel (je nach Verfügbarkeit der Kräfte) **muss** auch das Gebäude von außen begangen werden, d.h. Balkone, Dächer, Vordächer, usw. müssen abgesucht werden. Dort könnten sich ja geflüchtete Personen aufhalten.

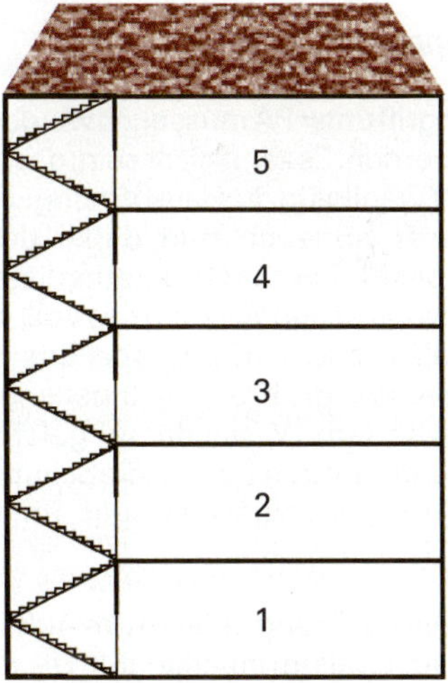

11.7 Innenangriff unter PA

Der Trupp unter PA im Innenangriff hat nur eine begrenzte Übersicht der Lage, da er nur von „Raum zu Raum" und nicht einmal teilweise das sehen kann. Der Trupp im Innenangriff muss über die Vorgehensweise der Trupps im Außenangriff informiert werden, insbesondere dann, wenn Wasser von Außen nach Innen abgegeben wird. Die Kräfte im Außenangriff „treiben den Brand und die damit verbundenen thermischen Belastungen von Außen nach Innen"! Daher: Kommunikation mit der Einsatzleitung und Lageberichte abgeben!

Die Brandbekämpfung muss abgestimmt und koordinert ablaufen!

11.8 Außenangriff unter PA

Der Außenangriff unter PA muss auch wie der Innenangriff koordiniert werden. Es kann nicht sein, dass die Kräfte im Außenangriff wahllos in die Hausöffnungen (Fenster und Türen) Wasser abgeben und dabei den Trupp im Innenangriff gefährden. Die Gefährdung liegt hierbei nicht nur in der mechanischen Wirkung des Voll/-sprühstrahls, sondern vor allem auch darin, dass der Brand nach „Innen gedrückt" wird und die Kräfte im Innenangriff erheblich durch hocherhitztem Wasserdampf gefährdet werden. Dieser Wasserdampf durchdringt die Schutzkleidung und kann den Atemschutzgeräteträger im Innenangriff „verbrühen"!

In der Regel hat der Trupp unter PA im Außenangriff eine längere Einsatzzeit als im Innenangriff. Dieses da er meißt fest an einem Ort oder auf der Drehleiter steht und „nur" Wasser vom Strahlrohr abgibt. Aber auch diese Trupp´s müssen von der Atemschutzüberwachung erfasst werden. Je nach Lage kann für den Trupp im Außenangriff auf ein Reservetrupp verzichtet werden. Siehe das Kapitel 10.1 Einsatzgrundsätze, Reservetrupp, „unübersichtliche Einsatzstelle"!

11.9 Rettungstrupp

Die Einsatzkräfte der Feuerwehren begeben sich oftmals selbst in große Gefahr, um ihrer Aufgaben ausführen zu können. Dieses um zum Beispiel Personen aus Gefahrenlagen wie Brand- und Rauchgefahren zu retten, dieses ist eines der originären Aufgaben der Feuerwehren.

Durch eine gute Schutzausrüstung und –kleidung sowie einer „gesunden" Einsatztaktik unter PA, ist es möglich, einen großen Teil der Einsatzgefahren zu beherrschen. Meist entstehen kritische Situationen dort, wo Einsatzkräfte überrascht werden durch Notsituationen. Diese entstehen meist durch Ausfall oder Defekte an Geräten oder Ausrüstungsgegenstände, Kreislaufschwächen der Geräteträger bzw. durch körperliche Überlastung sowie bedrohliche Schadensereignisse die innerhalb von Sekunden auftreten können.

Sollten Extremsituationen auftreten und lebensbedrohliche Zustände für die eingesetzten Trupps vorliegen, muss unverzüglich durch die Einsatzleitung gehandelt werden! Ist eine Eigenrettung nicht mehr oder nur bedingt möglich, sollte der Rettungstrupp **sofort** zur Verfügung stehen und **qualifiziert; unverzüglich und mit geeignetem Rettungsgerät eingreifen!!!**

Grundsätzlich unterliegt die Leitung des Rettungseinsatzes für den betroffenen Trupp der zuständigen Führungskraft. Zur Koordinierung des Rettungseinsatzes werden die Informationen „welcher Trupp ist wo und wie, mit welchen Gefahren/Situationen und möglichen Verletzungen" in Not geraten. Diese Informationen sollten vor der Einleitung der Rettung vorliegen. Entweder direkt der Einsatzleitung oder diese liegen bei der Atemschutzüberwachung vor. Sonst ist eine schnelle und qualifizierte Rettung schwierig.

Sollte die Rettung aus höhergelegenen Stockwerken erfolgen, so sind **sofort** Drehleitern zu alarmieren, bzw. auch **sofort** weitere tragbare Leitern in Stellung zu bringen. Auch einen **sofortige** Lagemeldung an die Leitstelle zur Koordination des Rettungsdienstes ist abzusetzen!

Der Funkverkehr ist soweit es der Einsatzablauf zulässt, auf die Kommunikation für den Rettungseinsatz frei zu halten.

Die Vorgehensweise und das Rettungstempo sind wesentliche Kriterien, die über Leben und Tod entscheiden können.

- Steht immer ein Rettungstrupp bereit?
- Achten wir immer darauf das diese Regelung auch bei Übungen eingehalten wird?
- Ist in den Alarmierungsplänen auch bei Tageseinsätzen genügend Personal unter PA für den Ersteinsatz vorhanden? Nicht nur ein Trupp!

- Verlieren wir nicht manchmal wertvolle Minuten (z. B. wenn der Reservetrupp sich mit anderen Tätigkeiten wie z. B. dem Aufbau der Wasserversorgung beschäftigt) und lassen somit unseren eingesetzten Trupp im Innenangriff alleine?
- Können wir in notgeratene Kräfte oder bewusstlose Kameraden oder Kameradinnen einfach über die Schulter legen und retten? Vermutlich nicht.

Diese Fragen sollen provozieren und zum Nachdenken anregen!

Grundsätzlich muß für jeden eingesetzten Trupp ein Rettungstrupp zur Verfügung stehen. Dieses immer dann, wenn die Stelle an der ein Trupp unter PA nicht mehr „eingesehen" werden kann. (Innenangriff z. B.) Bei einem PKW-Brand der auch unter PA gelöscht werden sollte, könnte auf einen Rettungstrupp verzichtet werden.

Es versteht sich von selbst, dass zur Rettung der Rettungstrupp aus mindestens zwei Einsatzkräften unter PA besteht. Dieser Trupp sollte wie folgt ausgerüstet sein:

Der Trupp trägt die komplette Schutzkleidung, angelegter PA und Maske mit Feuerwehrhelm, die Kurzprüfung ist durchgeführt, der Lungenautomat noch nicht angeschraubt, je nach Lage mit druckführendem Schlauch außerhalb des Gefahrenbereiches und Trümmerschattens mit mindestens einem Sprechfunkgerät. Siehe das Kapitel Schutzausrüstungen und Einsatzgrundsätze!

Die Ausstattung des Rettungstrupps sollte je nach Lage auch noch enthalten: Rettungsgerät/-geräte, Brechstange, zwei Handscheinwerfer, Wärmebildkamera, Bergetuch oder Trage.

Der Rettungseinsatz erfolgt mit den in diesem Buch beschriebenen Einsatzgrundsätzen und nach der FwDV 7 sowie den einschlägigen UVV-Bestimmungen.

Für den Rettungstrupp ist die Beschaffung von Langzeitatemschutzgeräten zu überlegen, hier sind die Kosten und die Einsatzhäufigkeit in Betracht zu ziehen. Die Lanzeitatemschutzgeräte können auch sinnvoll bei einem längeren Einsatz auf der Drehleiter genutzt werden. **Hier ist auf die geeigneten Atemschutzgeräteträger und die notwendige ZUSATZAUSBILDUNG zu achten!!**

Neben dem in diesem Buch aufgeführten Rettungsgeräten, können natürlich die Rettungskräfte unter PA immer konventionelle Rettungsmethoden wie das Tragen oder auch das Schleifen mit einem 5 Meter D-Schlauch anwenden. Es gilt immer abzuwägen, wie die tatsächliche Lage sich darstellt!

Das Tragen von bewusstlosen Atemschutzgeräteträgern stellt sich meist sehr schwierig dar, denn ein vollausgerüsteter Atemschutzgeräteträger mit einem Pressluftatmer kann aufgrund des großen Gewicht von einem oder zwei Feuerwehrangehörigen nur einen kurzen Weg getragen werden. Auf größere Strecken müssen Personen mit Hilfsmittel oder vier Einsatzkräften getragen, geschleift oder mit geeigneten Rettungsmittel aus dem Gefahrenbereich gebracht werden.

Beim schleifen von bewusstlosen Kameraden oder Kameradinnen ist immer die Gefahr gegeben, dass das Flaschenventil ungeschützt auf dem Boden oder einer Treppe schlägt. Sollte wie bereits schon geschehen, ein

Ventil abbrechen, ist durch die austretende Luft keine Atemluft mehr vorhanden!

In diesem Buch werden verschiedene Rettungsmittel gezeigt, eine Anwendung ist je nach Lage zu entscheiden!

Richtiges Verhalten

Leib und Leben kann für den in Not geratenen Trupp auf dem Spiel stehen, Extremsituationen können gerade bei der Brandbekämpfung im Innenangriff in Sekunden entstehen. Es ist wichtig, das nicht unüberlegt gehandelt wird, Stress und Nervosität darf das Handeln nicht bestimmen. Atemschutzgeräteträger, achte auf folgendes:

- **Notsignal absetzen**
  „MAY DAY; MAY DAY"
- **Ruhe bewahren**
- **Atemschutzgeräte und Masken überprüfen**
- **Nie in verrauchter oder toxischer Atmosphäre die Atemschutzmaske oder den Lungenautomat abnehmen; nur wenn der Geräteträger keine Vitalfunktionen mehr zeigt oder zu ersticken droht**
- **Maßnahmen zur**
  - **Stabilisierung der Lage**
  - **Sicherung**
  - **Verbesserung der Situation einleiten!!!**

Der Trupp sollte versuchen, in einen Bereich mit atembarer Atmosphäre zu gelangen!

Wenn man ein **Notsignal** absetzt, ist nicht nur das vereinbarte **Notsignal** zu verwenden, auch in dieser besonderen Lage ist mindestens folgendes der Einsatzleitung oder Atemschutzüberwachung mitzuteilen:

- Wo ist der Aufenthaltsort, wer ruft?
- Was ist los? (Einsturz, Absturz, Flash-over, Rückweg abgeschnitten, Bewusstlosigkeit eines Kameraden/ Kameradin, usw.)
- Welche Verletzungen sind vorhanden?

Wenn der Rettungstrupp vorgeht, ist die Orientierung zu dem in Not geratenen Trupp in der Regel bei einem Brandeinsatz der druckführende Schlauch und bei einer „normalen" Suche die Führungsleine. Somit ist ein rasches Vorgehen möglich.

Das Absuchen von Bereichen wird in einem separaten Kapitel behandelt, diese Informationen sollte auch der Rettungstrupp anwenden.

Bei der Rettung eines Feuerwehrangehörigen ist auf folgendes zu achten:

- Wenn der Trupp erreicht wird, **Lagemeldung** abgeben!
- Die Rettung gründlich und schnell vorbereiten!
- Es ist auf einen schonenden Transport zu achten!
- Rettung geht vor Brandbekämpfung!

Die VERANTWORTLICHEN Führungskräfte müssen sich auch mit der Problematik der Rettung von in Not geratenen Atemschutzgeräteträger beschäftigen. Die Feuerwehrangehörigen müssen sensibilisiert, geschult und auf solche Notfallsituationen vorbereitet werden. Es müssen Rettungsmöglichkeiten und Rettungsgeräte angewendet werden. Das Ziel für unsere Feuerwehren muss ein ROUTINIERTRES VORGEHEN auch für Rettungseinsätze durch GEZIELTES TRAINING sein!

In den einzelnen Wehren müssen Rettungskonzepte erstellt werden, je nach vorhandenen Fahrzeugen und Einsatzkräften unter PA. Übungsinformationen und -erkenntnisse müssen in die Praxis einfließen und auch angewendet werden.

NOTIZEN:

NOTIZEN:

12. Brandbekämpfung

12.1 Wasserversorgung für den PA-Einsatz
12.2 Vernünftiger Strahlrohreinsatz
12.3 Hohlstrahlrohreinsatz

12.1 Wasserversorgung für den PA-Einsatz

In vielen Fällen, gerade dann wenn ein wasserführendes Fahrzeug vorhanden ist, geht ein Trupp unter PA mit der sogenannten Schnellangriffseinrichtung in das Gebäude vor.

Von dieser Vorgehensweise ist dringend abzuraten, da:

a) In den meisten Fällen die Schlauchlänge nicht ausreicht, bzw. man nicht alle Stellen im Gebäude erreicht.

b) Wie in diesem Foto gezeigt, der Druckschlauch abknicken kann und in diesem Falle wäre der Trupp unter PA ohne Wasser am Strahlrohr!

Grundsätzlich sollte ein druckführender C42 oder C52 Schlauch verwendet werden. Siehe auch das Kapitel 13.12, Gleitringe.

Im Rahmen der Einsatzauftragserteilung nennt der Gruppenführer die Mittel (PA und C-Strahlrohr) und hat auch die Befehle für die Wasserentnahme zu geben. Hier stellt sich die Frage, ob folgende Überlegung bei einer größeren Schadenslage nicht sinnvoll wäre:

„Ein weiterer druckführender Schlauch mit C-Strahlrohr als sogenanntes Sicherungsrohr für den bereitstehenden Reserve/Rettungstrupp. Dieses Sicherungsrohr sollte allerdings von einer zweiten Versorgung (zweiter Hyd. oder andere Wasserentnahmestelle, zweite Feuerlöschpumpe, zweite B-Leitung) vorgenommen werden. D. h., wenn es einen Ausfall eines Rohres, Pumpe oder der Wasserentnahme geben sollte, so hat der Reserve/Rettungstrupp die Möglichkeit, sofort dem Trupp im Innenangriff zu Hilfe zu kommen, da dieser ja dann ohne Wasser am Strahlrohr ist.

„Einfach mal darüber nachdenken, dieses ist natürlich nicht in den ersten Minuten des Einsatzes möglich, da in dieser Anfangszeit in der Regel die Personal- und Fahrzeugstärke nicht besonders groß ist."

12.2 Vernünftiger Strahlrohreinsatz

Sehr oft ließt man von Wasserschäden und hört von Diskussionen wie z. B. „da wurde mit Kanonen auf Spatzen geschossen", wenn z. B. bei einem kleinen Küchenbrand zwei C-Rohre im Innenangriff und ein B-Rohr durch das

Fenster vom Außenangriff vorgenommen wird. Wir müssen uns immer Fragen, was ist das Ziel? Mit geringem Aufwand und im Sinne der „Verhältnismäßigkeiten der Mittel" einen Brand schnell, sicher und effektiv bekämpfen. In der Regel verdampft nur ein Teil des verwendeten Löschwassers; deshalb Löschmittel so knapp wie möglich bemessen, sonst beginnen die Diskussionen um den „vermeidbaren" Wasserschaden!

Was heißt löschen?

Löschen bedeutet, die Voraussetzungen für die Verbrennung ändern.

- Hauptlöscheffekt: kühlen
- Untergeordnete Rolle: verdünnen (bei Flüssigkeiten)

Das Löschmittel Wasser

Wasser ist das am häufigsten verwendete Löschmittel, weil es fast überall vorhanden ist und für die meisten Stoffe verwendet werden kann.

HAUPTLÖSCHWIRKUNG → KÜHLEN

Wenn man 1 Liter Wasser zum verdampfen bringt (Sprühstrahl) werden aus dem umgebenden Raum große Mengen von Wärme (2257kj/kg) gebunden.

1 Liter Wasser wird beim Verdampfen zu 1700 Liter Wasserdampf

Die wichtigsten Anwendungsbereiche von Wasser:

- Kühlen von Oberflächen
- Verdünnen von brennbaren Flüssigkeiten (Voraussetzung Flüssigkeit muss mit Wasser mischbar sein – z. B. Alkohol)
- Abschlagen von Gasflammen

Vorteile von Wasser :

- Fast überall vorhanden
- Unerschöpflich in der Natur
- Billig
- Bindet die Wärme sehr stark
- Einfache Förderung mittels Pumpen – auch über große Entfernungen
- Ungiftig, chemisch Neutral
- Wirksames Löschmittel für die meisten Stoffe (z.B. Holz, Papier, Faserstoffe, Stroh, Heu, Kohle usw.)

Nachteile von Wasser:

- Gefriert bei 0° C und erschwert so den Einsatz
- Quellende Wirkung (Körnerfrüchte, gepackte Jute usw.)
- Stoffe wie Papier, Textilien saugen viel Wasser auf. Dadurch erhöhen diese Stoffe ihr Gewicht → Einsturzgefahr v. Decken
- Manche Stoffe lösen sich auf und werden so wertlos (z.B. Getreide)

Löschen mit dem Strahlrohr

Grundregeln

- Ein Strahlrohr führen immer zwei Feuerwehrangehörige
- Ein B-Rohr ohne Stützkrümmer führen immer vier Feuerwehrangehörige
- Suche einen guten Stand
- Führe den Schlauch um die Hüfte, um die Rückkräfte abzubauen

Arten und Wirkungen der Strahlrohre

- **Arten**
  B- od. C-Mehrzweckstrahlrohr, Hochdruckstrahlrohr, Hohlstrahlrohr
- **Funktion**
  B- od. C-Mehrzweckstrahlrohr: Am Schaltorgan lassen sich die Stellungen Vollstrahl, Halt und Sprühstrahl einstellen. Diese Stellungen sind genormt, d.h. sie sind bei Produkten von verschiedenen Firmen immer gleich.
  → Leichte einheitliche, unfallsichere Bedienung

Wirkungsweise der Strahlrohre

- **Vollstrahl**
  Gezielter Löschstrahl auf die glühenden festen Brennstoffe (nicht auf die Flammen). Die Reichweite und die Auftreffwucht sind abhängig vom Druck am Strahlrohr und vom Strahlrohrdurchmesser (Mundstück).
  → Verweis auf Leistung der Strahlrohre

Löschwirkung

Abkühlen durch Verdampfung (Wärmeentzug). Gleichzeitig wird durch den Dampf der Sauerstoffzutritt behindert. (1 l Wasser ≙ 1700 l Wasserdampf) Der Wirkungsgrad ist umso besser je mehr der Löschstrahl beim Auftreffen versprüht. In der Regel verdampft nur ein Teil des verwendeten Löschmittels; deshalb Löschmittel so knapp wie möglich bemessen (Wasserschaden).

Ein Vollstrahl hat zusätzliche mechanische Effekte:

Auftreffwucht

Auseinderreißen von lockerem Brandgut

Abkühlwirkung

Tiefenwirkung

Einpressen unter Druck in tiefer gelegene Glutschichten und bei sperrigem Material (Kann aber bei falscher Anwendung auch zur Verdichtung des Materials führen – Material glüht innerlich weiter)

Netzfähigkeit

Selbsttätiges Eindringen in poröse Materialien (kann durch Beimengen von Netzmittel noch verstärkt werden – z.B. Schaummittel, Bioversal usw.)

Nebenwirkung

Wasserschäden – Zerstörung und Beschädigung von Bauteilen, Einrichtungsgegenständen. Gewichtszunahme von Ladegut, Baustoffen und Bauteilen durch Wasseraufnahme (Einsturzgefahr)

Sprühstrahl

Ist bereits am Strahlrohr in kleine Wassertropfen aufgelöst (zerstäubt). Bedeutend geringere Reichweite als Vollstrahl aber gute Flächenwirkung. Deshalb auch zum Niederschlagen von Rauch-Gasen und Dämpfen sowie schwebendem Staub geeignet.

Löschwirkung

Abkühlen durch Verdampfen (Wärmeentzug)
Bessere Kühlwirkung als Vollstrahl, geringere Wurfweite, durch die Dampfbildung wird der Sauerstoffzutritt behindert.

Nebenwirkung

Wenig Wasserschaden durch bessere Ausnutzung – sparsamere Verwendung. Gefahr des Verbrühens durch Wasserdampf in geschlossenen Räumen ist größer als bei Vollstrahl.

Hochdruck

Eignet sich hervorragend zur Bekämpfung von Entstehungsbränden und Bränden kleineren Umfanges (Nicht für Brände im Gebäude!!!). Rasches Anwenden des ersten Strahlrohres – Schnellangriffseinrichtung des Tanklöschfahrzeuges.

Speziell bei Vollbränden ist der Hochdrucknebelstrahl jedoch – bedingt durch die Wärmestrahlung – wirkungslos, da nicht nahe genug an den Brandherd herangegangen werden kann. Verwendung eventuell für Nachlöscharbeiten.

Wie gehe ich vor?

- Beachte die Signale (Wasser marsch, Wasser halt, Rückzug usw.)
- Halte Dir immer die Rückzugsmöglichkeit offen
- Beobachte laufend Deinen Einsatzbereich und die Umgebung (Rauchgasentwicklung!!!)

- Arbeite Dich möglichst nahe an den Brandherd heran
- Suche Deckung gegen die strahlende Wärme
- Nutze die bessere Sicht und die geringere Temperatur in Bodennähe aus
- Halte mit dem Gruppenführer, der Atemschutzüberwachung und den Kameraden im Trupp Verbindung (je nach Lage)

Technik – wie soll ich löschen?

- Arbeite beim Innenangriff mit Sprühstrahl und stoßweise: Der Vollstrahl kann Staub aufwirbeln und es besteht die Gefahr der Verpuffung
- Lösche immer von unten nach oben und von vorne nach hinten (langsames Vorarbeiten – zurückdrängen des Brandes)
- Spritze in die Glut – nicht in die Flammen oder in den Rauch (Achtung bei Innenangriffen – mit Sprühnebel in den Rauch spritzen – kühlen von entzündbaren Brandgasen – Vermeidung von Flash-Over)
- Lösche Glutnester mit kleinen Mundstücken
- Wenn die Glut verschwindet: „Wasser halt!"

Grundsätzlich gilt:

Vermeide zusätzlichen Schaden:

Durch das richtige Löschmittel

und

durch die richtige Löschtechnik

Gefahren beim Einsatz von Strahlrohren

- Achte auf die dynamischen Kräfte am Rohr
- Achte auf die Verbrühungsgefahr (1l Wasser ≅ 1700 Liter Wasserdampf)
- Achte darauf das nicht alles mit Wasser gelöscht werden darf und kann
- Brennende Flüssigkeiten

Wenn Wasser in über 100° C heiße Flüssigkeiten gelangt, dehnt es sich gewaltig aus.

Ausnahme:

- **Alle mit Wasser mischbaren Flüssigkeiten**, z.B. Alkohol, bzw. bei Entstehungsbränden, wenn tiefere Flüssigkeitsschichten noch nicht erwärmt sind – Sprühstrahl!
- **Brennende Gase**
  Im allgemeinen ist bei Bränden von Hochdruckgasen größeren Umfangs mit Wasser kein Erfolg zu erzielen. Umgebung schützen und Gashahn schließen.
- **Brennende Metalle**
  Durch die hohe Brandtemperatur von Leichtmetallen wird das Wasser in seine Bestanteile zerlegt. Ein Gemisch aus Wasserstoff und Sauerstoff ergibt das hoch-explosive Knallgas.

Halte Dich bei Bränden von bestimmten Anlagen oder Stoffen an die Sicherheitsvorschriften

- **Elektrische Anlagen**
  Wasser ist leitfähig, daher müssen bei unter Spannung stehenden Anlagen Mindestabstände eingehalten werden.

Gilt für C- und HD-Rohr:
Niederspannung (≤ 1000 V): Sprühstrahl 1m, Vollstrahl 5m
Hochspannung (> 1000 V): Sprühstrahl 5m, Vollstrahl 10m
Wasser, dem Netzmittel zugesetzt wurde, darf überhaupt nicht verwendet werden (erhöhte Leitfähigkeit)

- **Kaminbrände**
  Beim Einsatz von Wasser kommt es zu einer enormen Bildung von Wasserdampf (1:1700), die den Rauchfang sprengen kann – Gefahr der Ausbreitung auf alle Stockwerke. Daher Rauchfang ausbrennen lassen – alle Stockwerke, Dachboden und Dachbereich sowie Nachbarobjekte (Funkenflug) sorgfältig und laufend kontrollieren.

- **Brände staubförmiger Stoffe**
  Durch Vollstrahl kann Staub u.ä. aufgewirbelt werden – Gefahr der Staubexplosion! Eventuell Netzmittel einsetzen (damit auch ohne Sprühstrahl eine größere Eindringtiefe erreicht werden kann)
  Beim Einsatz des Vollstrahls kann abgelagerter Staub, Mehl od. ähnliches aufgewirbelt werden und explodieren. Lösche deshalb Brände im Zusammenhang mit brennbarem Staub mit drucklosem Sprühstrahl.

Arbeite beim Löschangriff im Innenangriff immer mit umluftunabhängigem Atemschutz

Suche Schutz unter dem Türsturz (Einsturzgefahr durch schwerer gewordenes Material)

Lege bei Bedarf den Hitzeschutz zusätzlich an

Strahlrohr führen immer 2 Feuerwehrangehörige, bzw. einer darf ein C-Rohr auch alleine halten

B-Rohr ohne Stützkrümmer immer 3 Feuerwehrangehörige

B-Rohr mit Stützkrümmer immer 2 Feuerwehrangehörige

Suche einen guten Stand

Führe den Schlauch um die Hüfte, lege einen Bogen um die Rückkräfte abzubauen

B-Schlauch immer ca. 3-5 Meter vom Strahlrohr weg gerade auslegen

	Vorteile	**Nachteile**
Vollstrahl	Punktwirkung Große Wurfweite und -höhe Tiefenwirkung	Wasserschaden Geringe Wärmebindung
Sprühstrahl	Hohes Wärmebindungsvermögen Geringer Wasserschaden Breiten- und Tiefenwirkung Niederschlagen von Gasen und Dämpfen möglich	Geringe Wurfweite
HD-Sprühstrahl	Höchstes Wärmebindungsvermögen Raumwirkung Geringster Wasserschaden	Geringste Wurfweite

Zusammenfassung

Vorgehensweise beim Löschangriff:

- Verbindung mit dem Gruppenführer, der Atemschutzüberwachung und den Truppmitglieder halten
- Signale beachten
- Rückzugsmöglichkeit offen halten
- Einsatzbereich und Umgebung ständig beobachten
- Möglichst nahe an den Brandherd heran
- Deckung gegen Strahlungswärme
- Nutzung besserer Sicht und geringerer Temperatur in Bodennähe

Wie soll gelöscht werden?

- Glutnester mit C-Rohr und Mundstück löschen
- Wenn die Glut verschwindet: „Wasser halt"
- Beim Innenangriff -Sprühstrahl und stoßweise
- Von unten nach oben und von vorne nach hinten löschen
- Spritze in die Glut

Mögliche Gefahren!

- Einhalten von Sicherheitsvorschriften
- Innenangriff immer mit Atemschutz
- Schutz unter dem Türsturz suchen
- Hitzeschutz anlegen – bei Bedarf
- Dynamische Kräfte am Rohr
- Verbrühungsgefahr
- Wasser kann nicht überall eingesetzt werden

12.3 Hohlstrahlrohre

Vorteile von Hohlstrahlrohren sind nicht nur die hohe Kompatibilität zur Standardausstattung, sondern auch die variable Durchflussmenge, die stufenlos verstellbare Strahlform, das optimale Tropfenspektrum, sowie flexible Löschmittelabgabe (Wasser, Netzwasser, Schaum) und die großen Wurfweiten.

Abgeknickte Hohlstrahlrohre

Diese werden in der Regel mit der Schnellangriffseinrichtung von wasserführenden Fahrzeugen genutzt und bieten einen Vorteil bei der Brandbekämpfung im Stehen.

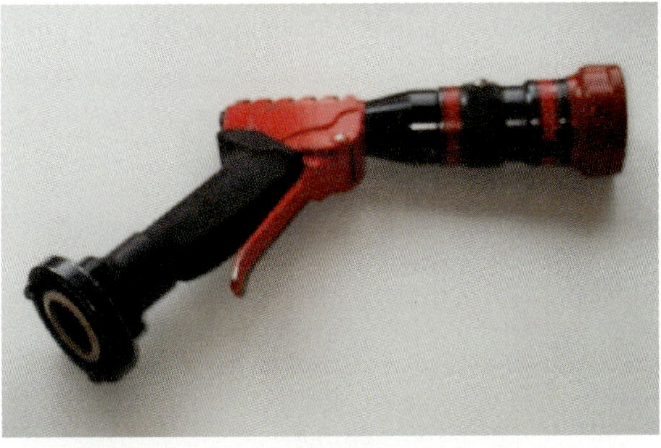

Sie erhöhen beim Einsatz in stehender Position den Haltekomfort, weil das Schlauchgewicht auf den Boden abgetragen wird. Bei leichteren Schläuchen (C 42, D) spielt dies jedoch keine entscheidende Rolle.

Beim Vorgehen in kniender oder liegender Stellung erschwert der eingebaute Knick sogar die Handhabung des Strahlrohres. Eine Wasserabgabe nach vorne oder gar nach oben (Rauchkühlung oder indirekter Löschangriff) ist, wenn überhaupt, nur unter erhöhtem Kraftaufwand möglich.

Sollte ein Rohr nicht ausschließlich für den Einsatz in stehender Position Verwendung finden, sind gerade Rohre auf jeden Fall zu bevorzugen.

Gerade Hohlstrahlrohre

Diese geraden Hohlstrahlrohre sind gut für den Innenangriff geeignet und zur Nutzung in allen Lagen, auch liegend.

Die Wasserabgabe in alle Richtungen ist ohne große Anstrengung möglich.

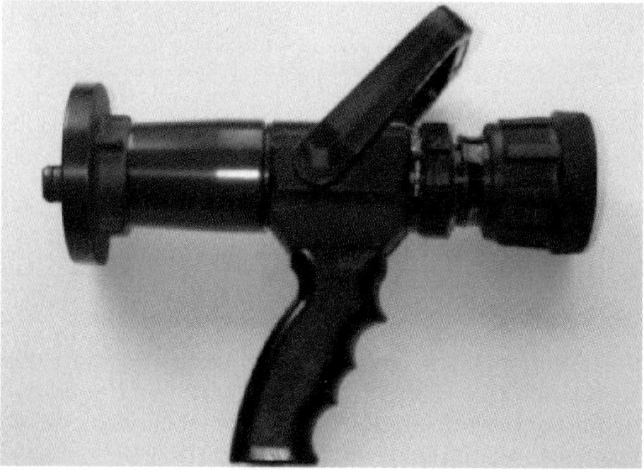

Die Gestaltung der Düse hat Einfluss auf die Verteilung des Wassers im Strahl und der Größe der Wassertropfen.

Die Kriterien für den Innenangriff sind die Verteilung des Wassers über eine breite Strahlfläche mit Schwerpunkt in der Strahlmitte sowie die mittlere Tropfengröße von 0,3 mm.

Grundsätzliche Anforderungen an Hohlstrahlrohre

- möglichst großes Spektrum
- kleine Wassermengen ab 40 l/min
- große Wassermengen bis 400 l/min bei 5 bar (größere Mengen mit Werfer) Zwischenarretierung bei 200 l/min
- Bedienungsmöglichkeiten:
- Öffnen und Schließen des Rohres
- Verstellen der Strahlform
- Verstellen der Durchflussmenge
- Der Betriebsdruck ist sehr hoch! hoher Druck wirkt sich nicht signifikant auf den Löscherfolg aus – deshalb reicht Normaldruck
- Druckbegrenzung zwecks besserer Handhabung auf 6 bar (entspricht DIN 14367)
- gutes Strahlbild bereits ab 4,5 bar (Wandhydrant) erforderlich

Optimierung für Innenangriff

Seit Mitte der neunziger Jahre hat sich die Lehrmeinung bezüglich der taktischen Vorgehensweise im Innenangriff zugunsten der Sicherheit der Einsatzkräfte grundlegend geändert. Hohlstrahlrohre können diese Einsatztaktik bei entsprechender Auswahl optimal unterstützen.

Es ist eine hohe Kompatibilität zur Standardausstattung gegeben. Hohlstrahlrohre lassen sich jederzeit mit der bei jeder Feuerwehr vorhandenen Standardausstattung betreiben. Es sind keine speziellen Schläuche, Pumpen oder sonstige Zusatzgeräte erforderlich.

Hohlstrahlrohre erlauben eine **variable oder fest eingestellte Durchflussmenge** von 40 bis zu mehreren Hundert Litern pro Minute. Dadurch lässt sich das Einsatzspektrum von D- bis zu B-Rohren abdecken.

Der Wasserstrahl lässt sich **stufenlos** zwischen Vollstrahl und breitem Sprühstrahl einstellen. Ein Hohlstrahlrohr erzeugt die für den Innenangriff optimale mittlere Tropfengröße von 0,3 mm. Die mittlere Tropfengröße bei einem CM-Strahlrohr liegt bei ca. 0,7 mm, die eines HD-Rohres bei ca. 0,1 mm und hat somit ein **optimales Tropfenspektrum.**

Mit einem Hohlstrahlrohr kann man wahlweise Wasser, Netzwasser oder Schwerschaum abgeben. Im einfachsten Fall erfolgt die Zumischung über normale Z-Zumischer (Durchflussmenge beachten!). Zu empfehlen ist jedoch der Einbau einer Zumischanlage, die in Abhängigkeit von der Durchflussmenge zumischt. Die **Löschmittelabgabe (Wasser, Netzwasser, Schaum) ist absolut flexibel.** Hohlstrahlrohre übertreffen die **Wurfweiten** von normalen Mehrzweckstrahlrohren und auch HD-Rohren. Dadurch kann man sowohl beim Sprüh- als auch beim Vollstrahleinsatz einen größeren Abstand zum Brandobjekt halten.

Ein Strahlrohr muss so einfach und sicher zu bedienen sein, dass auch ungeübte Einsatzkräfte jederzeit sicher damit umgehen können und eine mögliche Fehlbedienung keine gravierenden Folgen hat.

Durch hohe Flexibilität bei Löschmittelauswahl und Durchflussmenge kann erreicht werden, dass bis auf wenige Ausnahmen bei fast allen Einsätzen das gleiche Strahlrohr verwendet werden kann.

Ein Strahlrohr muss jederzeit sicher zu bedienen sein. Einstellungen von Strahlbild und Wassermenge müssen auch ohne Sicht erkennbar sein.

Das Rohr muss sowohl gegen mechanische als auch thermische Einwirkung so widerstandsfähig sein, dass jederzeit ein sicherer Betrieb möglich ist. Ein guter Indikator für diese Forderung ist die Garantieleistung des Herstellers. Immer darauf achten!

Bei einem Hohlstrahlrohr mit „Rotierendem Zahnkranz" ist folgendes zu beachten:

- Wasser wird nur über die äußere Kegelfläche verteilt
- im Innern des Wasserkegels kein Wasser
- keine Kühlwirkung und kein Löscheffekt im Wasserkegel
- Unterdruck saugt Rauch und Flammen an

Bei einem Hohlstrahlrohr mit „Festem Zahnkranz" ist folgendes zu beachten:

- Wasser wird über den gesamten Kegel verteilt
- Kühlwirkung und unmittelbarer Löscheffekt Rauch und Flammen werden weggedrückt

Ein großes Spektrum **einstellbarer Durchflussmengen** erhöht die Flexibilität des Rohres. So kann es vom Entstehungs- bis zum Großbrand bei allen Lagen eingesetzt werden.

Diese kleinen Durchflussmengen reichen meistens aus, um Klein- oder Entstehungsbrände zu bekämpfen. In diesem Bereich können die Rohre z.B. auch mit D-Schläuchen betrieben werden. Hier gilt es Wasserschäden zu vermeiden, siehe in diesem Buch auch das Kapitel „Taktik"! Mit Erreichen dieser Durchflussmenge (große Wassermengen bis 400 l/min bei 5 bar) kann das Rohr auch die herkömmlichen B-Rohre ersetzen. Wesentlich größere Durchflussmengen sollten schon aus Gründen der Sicherheit ausschließlich über Wasserwerfer angegeben werden!

Zur Abwehr einer bevorstehenden Rauchdurchzündung im Innenangriff sind Wassermengen von 150 - 200 l/min erforderlich. Größere Wassermengen – bis zu 400 l/min – können beim indirekten Löschangriff Verwendung finden, solange der Trupp den Brandraum noch nicht betreten hat. Im Innenangriff selbst können diese Mengen jedoch zu einer ungewollt hohen und je nach vorhandener Temperatur gefährlichen **Wasserdampfentwicklung** und einem vermeidbaren **Wasserschaden** beitragen.

Die Durchflussmenge von 200 l/min ist auch das Kriterium für die Sicherheitsabstände gemäß DIN VDE 0132. **Unabhängig von allen Diskussionen über Sinn und Unsinn der elektrischen Prüfung von Hohlstrahlrohren sind diese Sicherheitsabstände für die Feuerwehren maßgebend.**

Hohlstrahlrohre mit Pistolenhebel bei abgeknicktem Rohr

Diese Variante kommt nur für reine Schnellangriffsrohre in Frage und nicht für den Innenangriff unter Pressluftatmer und wird daher nicht näher beleuchtet.

Hohlstrahlrohre mit Bügel als reines Schließorgan

Hier wird ein Kugelventil verwendet. Kugelventile müssen stets komplett geöffnet werden, da sonst das Strahlbild beeinträchtigt werden kann. Die Verstellung der Durchflussmenge erfolgt in diesem Fall über einen Drehregler.

Hohlstrahlrohre mit Bügel, kombiniert mit Durchflussverstellung

Bei dieser Variante wird ein Kegelventil verwendet, dass je nach Bügelstellung mehr oder weniger Wasser durchlässt. Öffnen und Schließen sowie die Verstellung der Durchflussmenge erfolgen mit einem einzigen Bedienelement.

Bei Gefahr kann durch Aufreißen des Rohres sehr schnell die Wasserabgabe erhöht werden. Andererseits kann das ungewollte Aufreißen auch zu einer Gefährdung führen, da diese Rohre Durchflussmengen bis zu 500 l/min haben. Aus diesem Grund sollte eine mechanische Zwischenarretierung vorhanden sein, die das versehentliche Durchziehen des Bügels verhindert.

Hohlstrahlrohre mit Düsenkopf, kombiniert mit Strahlverstellung

Der Düsenkopf ist hier gleichzeitig Schließorgan und Strahlformregler, d.h. bei jeder Wasserabgabe muss das Strahlbild wieder neu eingestellt werden.

NOTIZEN:

13. Sonstige Ausrüstungsgegenstände

13.1 Rettungsmittel

13.1.1 Bandschlinge
13.1.2 Rettungstrage
13.1.3 Rettungstuch
13.1.4 Rettungsmulde
13.1.5 Rettungswindel
13.1.6 Schaufeltrage
13.1.7 Krankentrage
13.1.8 Korb- und Schleiftrage
13.1.9 Rettungstuch/Bergetuch

13.2 Führungsleinen

13.3 Brechwerkzeuge

13.4 Notsignalgeräte

13.5 Kennzeichnungsmittel

13.6 Messer

13.7 Feuerwehrsicherheitsgurt

13.8 Atemschutznachweistafel

13.9 Holzkeile am Feuerwehrhelm

13.10 Wärmebildkamera

13.11 FogNail

13.12 Gleitringe für den druckführenden Schlauch

13.13 Innen- und Außenvierkant

13.14 Feuerwehrleine

13.1 Rettungsmittel

Es gibt heute eine Vielzahl von Rettungsmittel auf dem Markt. Sinnvolle und weniger sinnvolle, günstige und sehr teure sowie leicht anwendbare und einige für den Einsatz unter PA überhaupt nicht anwendbare Rettungsmittel. Bevor wir eine Übersicht der möglichen Rettungsmittel für die Rettung von Personen und Atemschutzgeräteträger vorstellen, eine einfache Möglichkeit einen Feuerwehrangehörigen zu retten, immer dann wenn es schnell gehen muss und der Kamerad hat keine Verletzungen außer z. B. eine kleine Atemkrise oder Kreislaufprobleme. Das Retten mit dem „Rettungsgriff" ist für eine kurze Strecke immer möglich, auch wenn der verletzte Atemschutzgeräteträger das Atemschutzgerät noch angelegt hat. Vorraussetzung ist allerdings, dass der Feuerwehrangehörige der den Rettungsgriff ausführen soll, körperlich geeignet ist und der zu Rettende nicht zu groß und schwer ist. Es sind leicht 100-130 kg Gesamtgewicht erreicht, solch ein Gewicht kann ein Feuerwehrangehöriger nicht tragen, bzw. über eine größere Strecke schleifen.

Auch die Möglichkeit „schnell" einen Feuerwehrangehörigen aus dem Gefahrenbereich zu retten, muss immer geprüft werden. Kann man nicht ähnlich wie bei einem **Tragering** die Sicherheitsgrute von zwei Atemschutzgeräteträger verbinden und den evtl. nur „leicht verletzten und gehbehinderten Atemschutzgeräteträger" zu zweit so aus dem Gefahrenbereich heraustragen?

Je nach Lage muss schnell und sicher gehandelt werden, hier wird es in Zukunft noch weitere Möglichkeiten der Rettungslösungen geben.

Sei es durch Unwohlsein oder einem möglichen Defekt am Gerät, trotz aller Vorsicht kann es zu Zwischenfällen unter Atemschutz kommen und ein Feuerwehrangehöriger bewusstlos werden. Auf keinen Fall im Gefahrenbereich dann die Maske vom Gesicht des Betroffenen nehmen, es sei denn er erbricht und droht am Erbrochenen zu ersticken, oder er droht zu ersticken aufgrund von fehlender Atemluft. Nur dann darf die Maske abgenommen werden! Der gesamte Trupp tritt sofort den Rückzug an, der Betroffene wird immer mit den Füßen in Laufrichtung getragen. Warum?

a) Er sollte das Schadensereignis nicht mehr wahrnehmen beim verlassen des Gebäudes

b) Die Gefahr des Anstoßens mit dem Schädel an Türzargen und Gegenständen wird verringert.

13.1.1 Bandschlinge

Die Bandschlinge kann vielfältig verwendet werden. Dieses kann sein

a) als Verbindung innerhalb des Trupps zwischen den zwei Karabinerhaken des Trupps

b) zum Absuchen von Räumen, Abstands- und Suchverbreiterung

c) zur Sicherung von Türen bei Gefahr der Durchzündung

d) als Rettungsschlinge zum Schleifen von verunglückten Kameraden

In dieser Anwendung wird z. B. die Bandsschlinge gemeinsam mit der Feuerwehraxt dafür benutzt, um eine Tür kontrolliert zu Öffnen. Vor dem Öffnen wird die Bandschlinge an der Klinke befestigt und dann gemeinsam mit der Feuerwehraxt die Tür langsam geöffnet. Kann z. B. die Situation einer möglichen Rauchgasexplosion vorliegen, wird mit der Bandschlinge das Aufschlagen der

Anwendung der Bandschlinge in Verbindung mit der Feuerwehraxt

Tür verhindert. Auch bei möglichen starken Stichflammenbildungen erlaubt dann die Bandschlinge das schnelle Schließen der Tür aus sicherer Entfernung.

Außerdem dient die Bandschlinge als Rettungsschlinge dem Retten von Personen, insbesondere von möglichen verunglückten Atemschutzgeräteträgern. Die Rettungsschlinge wird einfach einmal hinter die Bänderung des PA geführt, der PA bleibt auf dem möglichen verunfallten Kameraden und die Rettungsschlinge wird hinter der Schulter zusammengeführt. Jetzt kann man die Person leichter aus dem Gefahrenbereich ziehen.

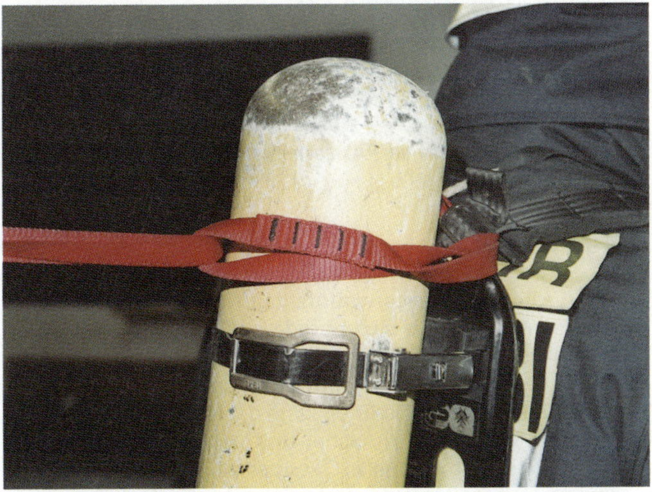

Die Rettungsschlinge muss um die Bänderung des PA gelegt werden, nicht um den Oberkörper, da dabei die Gefahr besteht, dass der Atemschutzgeräteträger beim Ein- und Ausatmen den Brustkorb nicht mehr heben und senken kann.

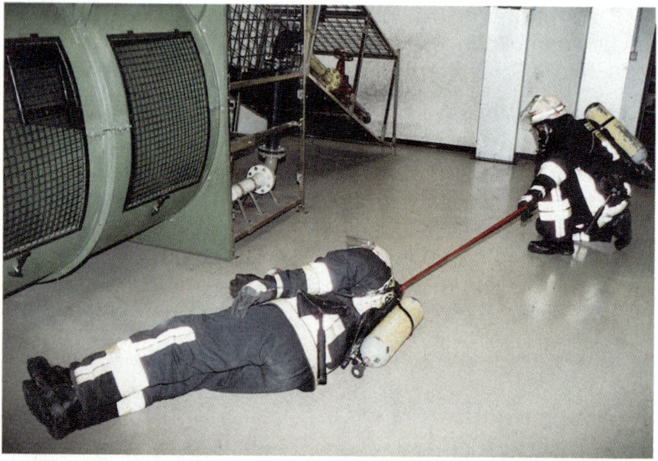

Die Rettungsschlinge bei Anwendung durch einen Feuerwehrangehörigen unter PA, der einen Kameraden aus dem Gefahrenbereich zieht.

13.1.2 Rettungstrage

Bei der Rettung eines verunfallten Kameraden mit der Trage erweist diese sich gerade in Gebäuden als sehr unpraktisch. Durch die „Starrheit" der Trage kommt es oft zum „verkannten" und dem anschließenden „schräg Stellen" der Trage. Dadurch kann der Kamerad oder die zu rettende Person verrutschen und man verliert teilweise erhebliche Zeit gerade in Treppenräumen und engen Fluren. Die Trage wird in jedem Löschgruppenfahrzeug mit geführt und sollte immer dann zum schonenden Transport von Personen angewendet werden, wenn dieses Sinn macht.

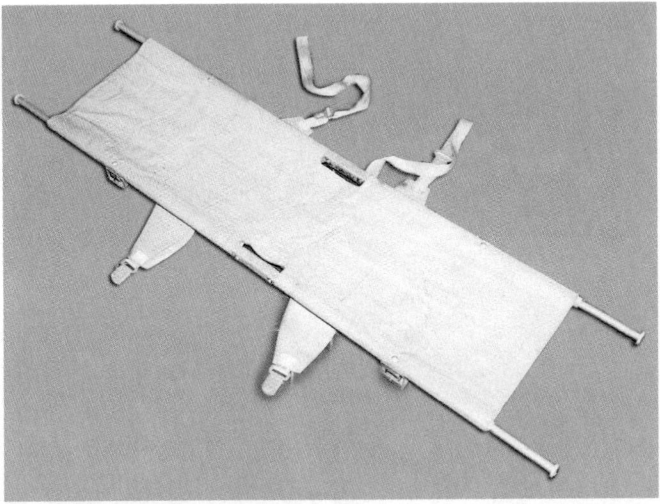

13.1.3 Rettungstuch

Das Rettungstuch hat einige Vorteile gegenüber der Trage bei Rettung im Gebäude. Je nach Körpergröße und Gewicht der zu rettenden Person ist dieses aber auch nicht optimal. Gerade bei der Rettung eines Kameraden unter PA, ist die Gefahr, dass der Kamerad aus dem Rettungstuch herausfällt. Um dieses zu vermeiden, sollte immer dann die s. g. Rettungswindel hergestellt werden. Wenn aber Treppen begangen werden müssen, sollte die Person getragen und nicht geschleift werden.

Das Rettungstuch wird neben dem Verletzten gelegt und in Längsrichtung in der Mitte gefaltet. Den Verletzten

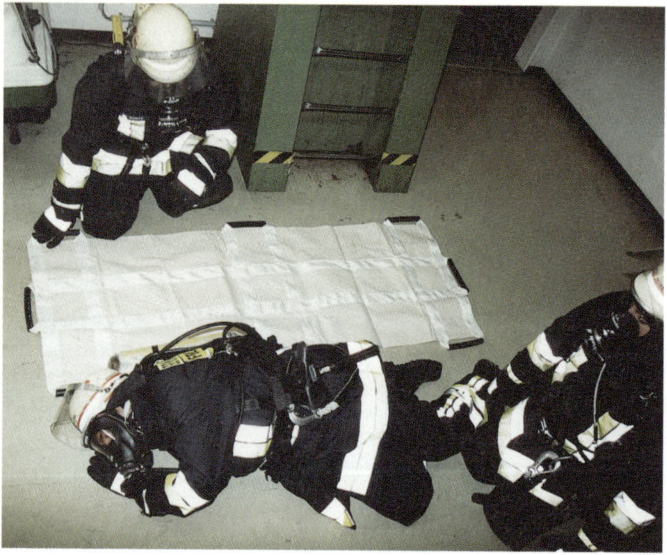

Rettungstuch auf dem Boden

behutsam auf die Seite drehen und das Rettungstuch mit der gefalteten Seite unter den Verletzten schieben. Den Verletzten vorsichtig auf das Tuch drehen und die gefaltete Seite des Rettungstuches unter dem Körper hervorziehen. Das Rettungstuch kann mit sechs, fünf, vier oder mit drei Helfer getragen werden. Je nach Situation und Lage auch mit zwei Helfer geschleift werden.

13.1.4 Rettungsmulde

Einfach aber genial, die Rettungsmulde! Aus einer Schubkarren-Mulde! Dies ist ein Hilfsmittel zur schnellen

Rettung von Personen und verunfallten Kameraden aus dem Gefahrenbereich und Notsituationen.

Die Rettungsmulde wurde durch die Fa. Rescue-Tec in Zusammenarbeit bzw. auf Initiative der Berufsfeuerwehr Dortmund entwickelt und getestet. Inzwischen sind in Dortmund alle Löschzüge mit mindestens einer Rettungsmulde ausgestattet.

Folgende Eigenschaften und Möglichkeiten bietet diese Rettungsmulde:

- schützt die zu rettende Person vor Verletzungen beim Transport
- kann auch in Treppenhäusern, Fluren und Feuerwehr-Aufzügen eingesetzt werden
- bietet den Rettern geeignete Haltemöglichkeiten durch Gurte und Griffe
- gewährleistet einen stabilen und sicheren Transport
- geringes Gewicht und verwindungsarm
- das Atemschutzgerät des Verunglückten Geräteträgers kann angelegt bleiben
- kann getragen, geschoben, gezogen und leicht gedreht werden, auch zum Transport von Gerätschaften
- verringert die körperliche Belastung des Rettungstrupps und schont somit den Atemluftvorrat

Zwei Mann tragen einen Kameraden in der Mulde

… im Treppenhaus

13.1.5 Rettungswindel

Die s. g. Rettungswindel wird aus dem Rettungs- oder auch Bergetuch hergestellt.

Wie geht so etwas, was sind die Vorteile?

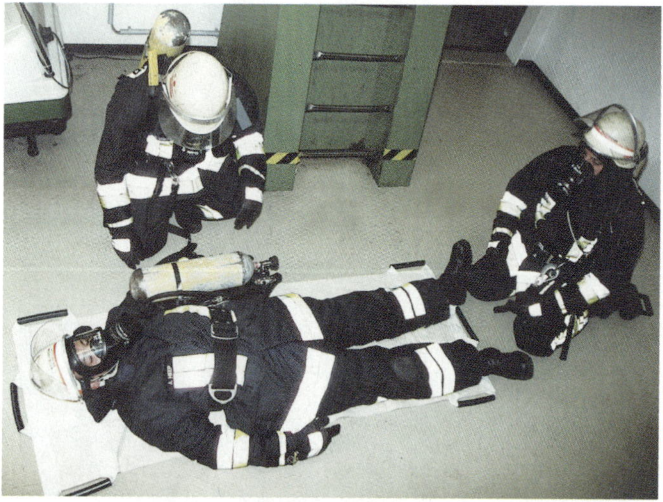

Zwei Kräfte unter PA, lagern einen verunfallen Geräteträger unter PA auf das Rettungstuch um.

Der Verunfallte wird auf das Rettungstuch umgelagert. Dieses geschieht dadurch, das der Verunfallte auf eine Körperseite gedreht wird, das Rettungstuch wird zur Hälfte unter den Körper geschoben, anschließend wird der Verletzte auf die andere Seite gerollt und das Rettungstuch wird hindurch gezogen.

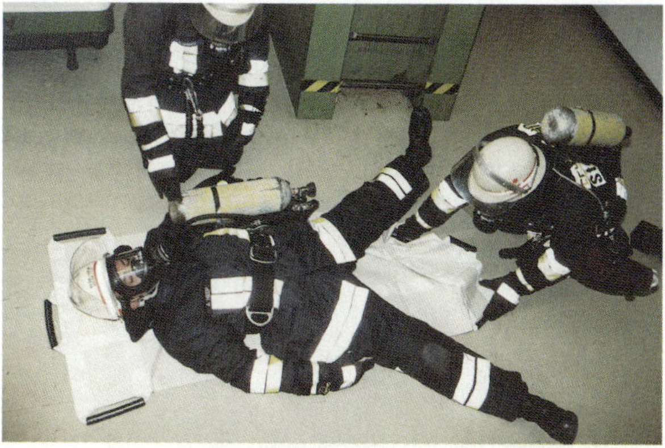

Zwei Kräfte unter PA bereiten die Rettung vor.

Der verunfallte wird nun in die Rückenlage gebracht, die Rettungsdecke wird zwischen die Beine hochgeschlagen und mit zwei Karabinerhaken in der Rettungstuchmitte in die vorhandenen Halteschlaufen eingehakt.

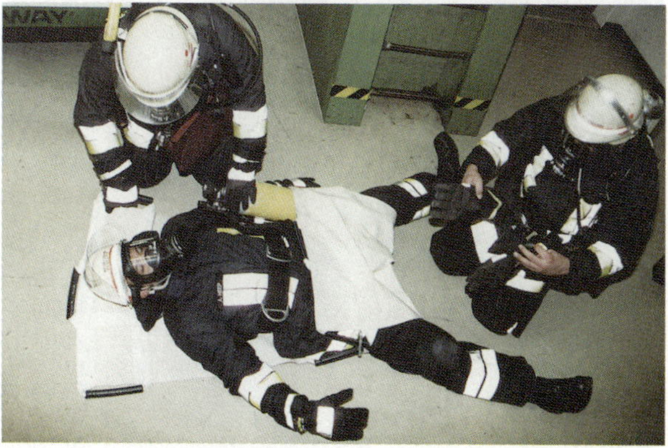

Herstellen der „Windel"

Der Verunfallte Feuerwehrangehörige sitzt nun wie in einer Windel und kann am Kopfende des Rettungstuches vom Rettungstrupp gezogen werden. Sollte eine Treppe benutzt werden, wird die Rettungswindel schnell zum Bergetuch zurückgebaut, einfach die zwei Karabiner wieder aushängen und die Person kann getragen werden.

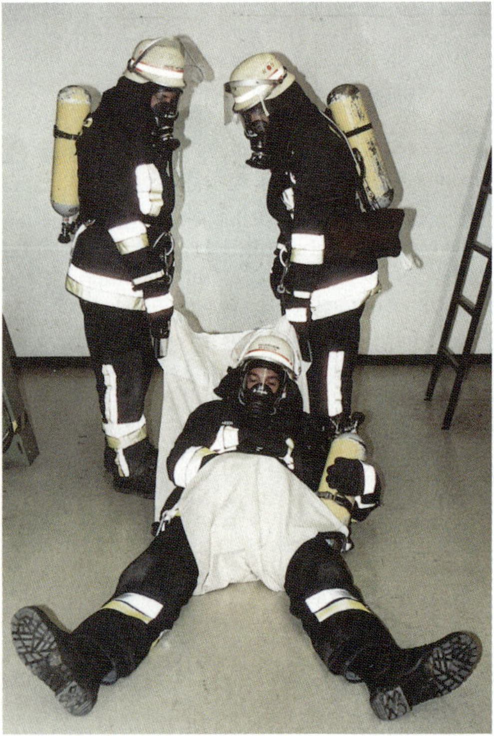

Der Verunfallte wird mit der Rettungswindel gezogen

Der Körper der verunfallten Person liegt wie in einer Windel, rutscht nicht raus, das Tuch hat ein geringes Gewicht und der Rettungstrupp kann relativ leicht mit einem geringen Reibungswiderstand ziehen.

13.1.6 Schaufeltrage

Die Schaufeltrage dient dem schonenden Aufheben und Umlagern von Verletzten, besonders bei Wirbelsäulenverletzugen und bei Mehrfachverletzten (Polytraumatisierte). Die Schaufeltrage besteht aus zwei Aluminium-Schaufelteilen, die an den Stirnseiten zu verschließen sind. Durch Öffnen der Verschlüsse wird die Schaufeltrage in zwei Hälften geteilt. Die Schaufeltrage wird in der Länge an den Verletzten angepasst, danach werden die beiden Schaufelteile unter den Verletzten geschoben und dann geschlossen. Mit drei Schnellverschluss-Sicherungsgurten sind diese Schaufeltrage in der Regel ausgestattet, der Verletzte ist unbedingt anzugurten.

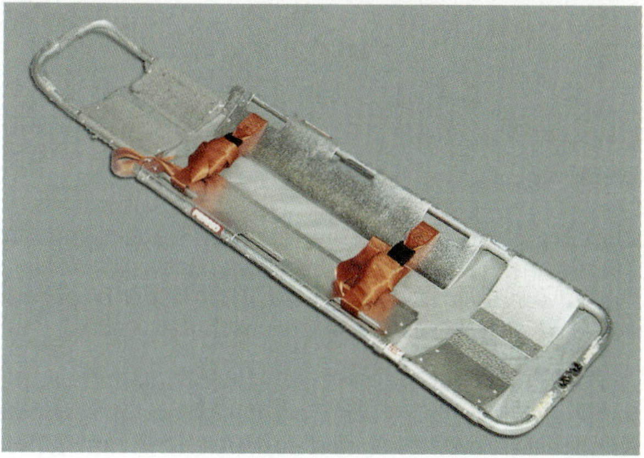

13.1.7 Krankentrage

Die Standard Krankentragen gibt es einfach und zweifach Klappbar. In der Regel sind Krankentragen mit verriegelbaren Stahlgelenken und einschiebbaren kälteisolierten Tragegriffen ausgestattet. Der Bezug ist aus einem Chemiefasergewebe, mit Kopfkissentasche, Brust- und Fußgurt mit Schnellverschlüssen versehen.

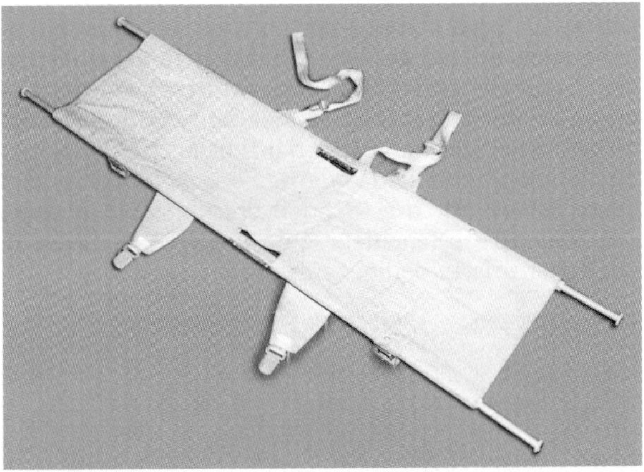

Krankentrage

Zum Transport eines Verletzten oder Kranken mit der Trage sind mindestens zwei, besser vier Helfer einzusetzen. Die notwendigen Kommandos gibt immer der Träger am rechten Kopfende. Nicht im Gleichschritt tragen!

Der Patient ist mit den Gurten auf der Trage zu sichern, wobei die Arme freibleiben, wenn der Patient bei Bewusstsein ist. Ist er bewusstlos, werden die Arme mit angegurtet.

Während des Tragens sind Bewusstsein, Atmung und Kreislauf weiterhin zu überwachen.

13.1.8 Korb- und Schleiftrage

Korb- und Schleiftragen gibt es aus Kunststoff oder Edelstahl. Korb- und Schleiftragen werden zum schonenden Bergen, Retten und Abseilen von Verletzten aus schwer zugänglichen Unglücksstellen, z. B. aus Schächten, im Gebirge, beim Transport über steile Treppen und Gerüste.

Die Wanne ist stabil aus schlagfestem, widerstandsfähigem und temperatur-unempfindlichem Polyäthylen gefertigt. Mit einem durchgehenden Aluminiumrahmen und im Fußbereich konisch verengten Form. In der Regel seitlich mit Griffaussparungen und mit einem umlaufendem Nylonseil und Haltegurten für die Brust- und Oberschenkel ausgestattet.

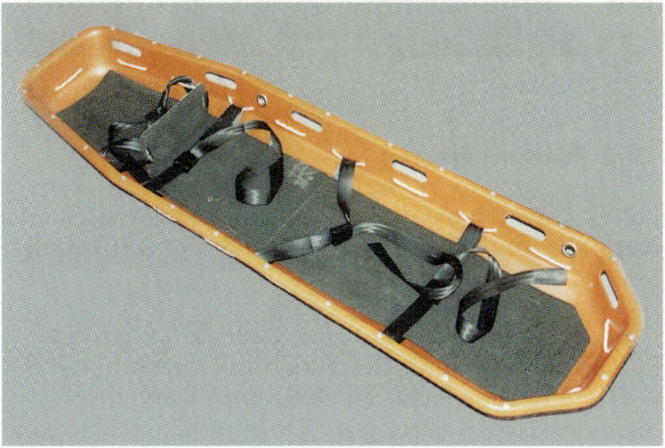

Korb- und Schleiftrage aus Kunststoff

13.1.9 Rettungstuch/Bergetuch

Das Rettungs/Bergetuch wird wahlweise aus Segeltuch oder aus schwer entflammbarem Polyester mit spezieller Oberflächenversiegelung geliefert. Mit Tragegriffen ist es an allen Seiten ausgestattet und kann wahlweise auch mit einer Fußtasche geliefert werden, die verhindert, das der Patient beim Transport über Treppen nach unten durchrutscht.

Rettungstuch/Bergetuch

13.2 Führungsleinen

Führungsleinen werden in zwei Gruppen unterteilt, die **Hauptführungsleine** und die **persönliche Führungsleine.**

Die Hauptführungsleine dient zur Orientierung bei Einsätzen in großen Gebäuden mit verrauchten Bereichen. Wichtig ist bei solch einer Führungsleine, das die eindeutige Richtung zur Einsatzstelle (Brand) und zum Ausgang gekennzeichnet ist. Folgende Regel sollte zur Kennzeichnung der Führungsleine eingehalten werden:

Drei Knoten hintereinander bedeuten:

„Richtung Einsatzstelle".

Ein Knoten bedeutet:

„Richtung Ausgang".

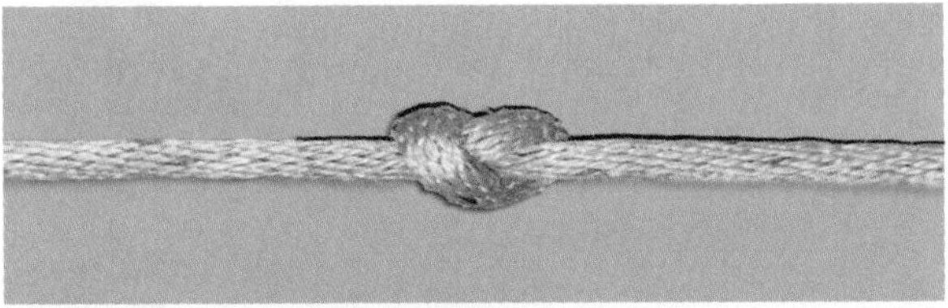

Knoten in der Hauptführungsleine

Am Anfang der Leine sollte sich ein Karabiner befinden, um das Anschlagen zu vereinfachen.

Knoten in der Hauptführungsleine

Die persönliche Führungsleine dient zur physischen Verbindung zwischen den einzelnen Truppmitgliedern. Jeder Truppangehörige sollte solch eine Leine mitführen, bei Einsätzen in größeren Gebäude.

Die persönliche Führungsleine ist mittels Karabiner an die Hauptführungsleine geklinkt. Das andere Ende der persönlichen Führungsleine befindet sich am Karabiner des Sicherheitsgurtes eingeklinkt.

Führungsleinen sind wesentlich dünner als Leinen zur persönlichen Sicherung oder zum Selbstretten. Sie bestehen aus einer Hauptführungsleine und einer persönlichen Führungsleine. Verwendung finden sie an unübersichtlichen und weitläufigen Einsatzstellen. Sie werden dann eingesetzt, wenn ein Trupp ohne Schlauchleitung vorgeht **(nur beim Suchen und Retten von Personen; nicht bei der Brandbekämpfung; dann nur zusätzlich zum druckführenden Schlauch möglich).**

Die Leinensysteme ermöglichen nachfolgenden Trupps sich an bereits verlegten Leinen zu orientieren uns somit die Einsatz- bzw. Suchbereiche schneller auffinden zu können. Da eine Gefahr des Verknotens der Leine nicht auszuschließen ist, erfordert der Einsatz von Führungsleinen eine umfangreiche und immer wiederkehrende Ausbildung! Leider gibt es hierfür noch kein einheitliches Ausbildungskonzept, wir arbeiten daran.

13.3 Brechwerkzeuge

Feuerwehrbeil

Das Feuerwehrbeil ist mit dem Sicherheitsgurt zu tragen. Dabei ist das Feuerwehrbeil in einer Halterung fest gesichert und dient dem Feuerwehrangehörigen dazu, z. B. Fensterscheiben einzuschlagen, Glasscherben am Fensterrahmen zu entfernen und mögliche weitere Maßnahmen durchzuführen.

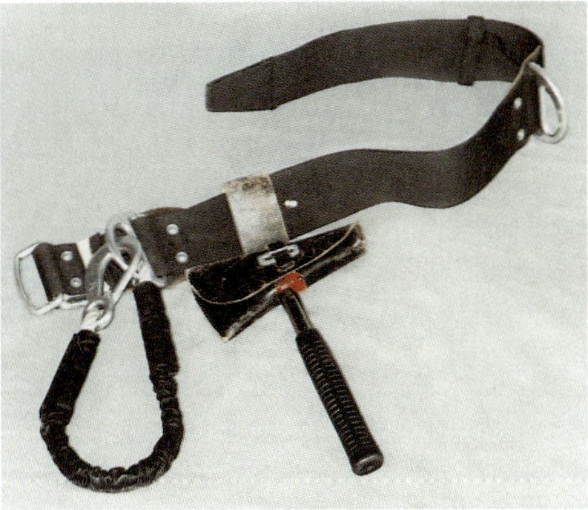

Sicherheitsgurt mit Feuerwehrbeil

Feuerwehraxt

Die Feuerwehraxt ist eine besonders gestaltete Axt für den Feuerwehreinsatz. Diese kann als

- Hebel zum Aufbrechen von Türen
- zum schaffen eines Zuganges zu Brandnestern in Holzdecken
- Einschlagen von Türen und Scheiben
- Spalten von Materialien, z. B. Holz

verwendet werden.

Die Feuerwehraxt dient auch nach dem Öffnen als Suchhilfe unter Betten, Treppen und sonstigen schlecht zugänglichen Bereichen.

Außer der Feuerwehraxt gibt es noch die Holzaxt, die leichter gebaut ist, dafür aber handlicher und nur für leichtere Arbeiten geeignet, z. B. Entasten von Bäumen und Anspitzen von Pfählen.

Feuerwehraxt und Holzaxt

Brechstangen

Die Brechstange wird als Hebel zum Bewegen von Lasten und zum Auseinanderdrücken verwendet. Die Anwendung kann z. B. sein

- Sprengen von Ketten
- Aufsprengen einer verklemmten Fahrzeugtür
- Anheben eines schweren Gegenstandes
- Aufhebeln einer Wohnungstür
- Aushebeln einer Tür aus den Angeln, usw.

Einsatz der Brechstange an der Wohnungstür durch Trupp unter PA

Sicherheitshinweis:

- Beim Einsatz der Brechstange ist Gesichtsschutz zu tragen.
- Klaue nicht zum Stoßen benutzen
- Beim Heben von Lasten muss die Last durch Unterbauen gesichert werden

13.4 Notsignalgeräte

Um weiterhin und auch zukünftig die Arbeit unter Atemschutz abzusichern, sollte in Zukunft jedes Atemschutzgerät, bzw. jeder Atemschutzgeräteträger mit einem sogenannten Notfall-Alarmgeber ausgestattet sein. Diese Notfall-Alarmgeber senden nach einer bestimmten Zeit der Bewegungslosigkeit ein Alarmsignal. Sinnvolle Zusatzfunktionen wie die Aktivierung eines Rückzugssignals außerhalb der Einsatzstelle, d. h. bei der Atemschutzüberwachung, eingebaute Blitzleuchten sowie Temperatursensor sind dann vorhanden. Der Notfall-Alarmgeber ist als sinnvolle Ergänzung des Systems der Atemschutzüberwachung zu sehen. Die z. B. in England gemachten Erfahrungen und vorgeschriebenen automatischen Notfall-Signalgeber, sind von besonderem Interesse, wenn es um Sicherheit unter Atemschutz geht.

Notsignalgeber erleichtern das Auffinden bei der Suche verunfallter Atemschutzgeräteträger durch optische und/oder akustische Signale.

Neue Telemetriesysteme ermöglichen die parallele Online-Übertragung von Notsignalgebern (von bis zu zwölf Atemschutzgeräteträgern) zu einer Überwachungstafel außerhalb des Gefahrenbereiches, d. h. zur Atemschutzüberwachungsstelle. Diese Systeme als Überwachungs- und Kommunikationssysteme bieten jederzeit Informationen über die Situationen der Atemschutzgeräteträger. Die Systeme basieren auf einer Funktechnologie und bestehen aus einer Datenschnittstelle. Vorraussetzung ist allerdings, das die Atemschutzgeräteträger immer in Funkverbindung mit der Atemschutzüberwachung stehen, was in manchen großen Gebäuden und in Kellerbereichen schwierig werden kann. Die Daten die an ein Datenfunkgerät am Pressluftatmer abgegeben werden, werden auch an eine außerhalb der Gefahrenzone (Atemschutzüberwachung) stehende Überwachungstafel übertragen. Dieses System erlaubt eine bidirektionale Datenverbindung zwischen dem Atemschutzgeräteträger und der Überwachungstafel. Von der Überwachungstafel kann entweder ein selektiver Evakuierungsbefehl an den Geräteträger oder ein allgemeiner Evakuierungsbefehl an alle Atemschutzgeräteträger gesendet werden. Dieses System kann auch Angaben zum Flaschenfülldruck, Resteinsatzzeit und der vorherrschenden Temperatur im Einsatzbereich kontinuierlich vom Pressluftatmer zur Atemschutzüberwachung senden.

Hier ein Beispiel, der Super Pass II von Interspiro.

Wird das Gerät nach ca. 18-23 Sekunden nicht bewegt, geht das System in den Voralarmmodus über. Nach weiteren ca. 30-35 Sekunden setzt der Hauptalarm ein. Der Hauptalarm kann jederzeit durch betätigen des Alarmknopfes ausgelöst werden.

13.5 Kennzeichnungsmittel

Wachskreide/Fettkreide für die Kennzeichnung von bereits abgesuchten Räumen wird als Teil der pers. Ausrüstung vermisst und sollte vorhanden sein. (Siehe Kapitel Suchtaktik)

Der Truppführer kennzeichnet die Tür mit einem „/" für einen „einfach" abgesuchten Bereich, mit einem „X" für einen zweifach abgesuchten Bereich.

Türkennzeichnungsband
Reflexbänder lassen sich um eine Klinke knoten oder mit einem Verschluss zuziehen. Auch hier muss eindeutig geregelt sein, wie eine Kennzeichnung für die erste und zweite Suche aussieht.

13.6 Messer

Ein Messer wird allg. als Teil der persönlichen Ausrüstung vermißt. Das Messer sollte einfach mit Schutzhandschuhen zu handhaben sein. Für eine Notsituation wie z. B. „PA-Träger hat sich in der Feuerwehrleine verfangen und gerät nun in Panik, die Leine zieht sich zu, der Atemluftvorrat wird geringer", kann ein Messer lebensrettend sein.

Es werden auch Messer angeboten, die man mit einer Hand öffnen kann sowie Messer mit zusätzlichen Funktionen.

13.7 Feuerwehrsicherheitsgurt

Einsatz des Sicherheitsgurt in Verbindung mit der Bandschlinge und der Führungsleinen sollte genutzt werden, damit der Trupp eine Einheit bleibt und sich nicht verliert.

Sicherheitsgurt eingehängt und Foto Sicherheitsgurt mit Bandschlinge eingehängt.

Der Feuerwehrsicherheitsgurt kann auch zur möglichen Selbstrettung dienen. Dieses wenn z. B. der Rückzugsweg nicht mehr begehbar ist oder wegen einer möglichen Einsturz- oder Explosionsgefahr das Gebäude sofort verlassen werden muss. Sollte es dann keinen zweiten Fluchtweg, eine Steck- oder Drehleiter geben, bleibt dem Trupp keine andere Wahl, als sich mit dem Sicherheitsgurt und der Feuerwehrleine selbst zu Retten. Hierbei gibt es drei verschiedene Methoden:

1. Methode

Als **sicherste Methode** gilt, wenn das Leinenende vor dem Befestigen an einem festen Haltepunkt **einmal** durch die **rechte Fangöse** und **zweimal** durch die **linke Fangöse** gezogen wird. Es ist **darauf zu achten,** dass das **Lastende**

in der Fangöse **oben abläuft,** da sich sonst die Leine verkeilt und ein einwandfreies Ablaufen der Leine dann nicht mehr möglich ist.

2. Methode

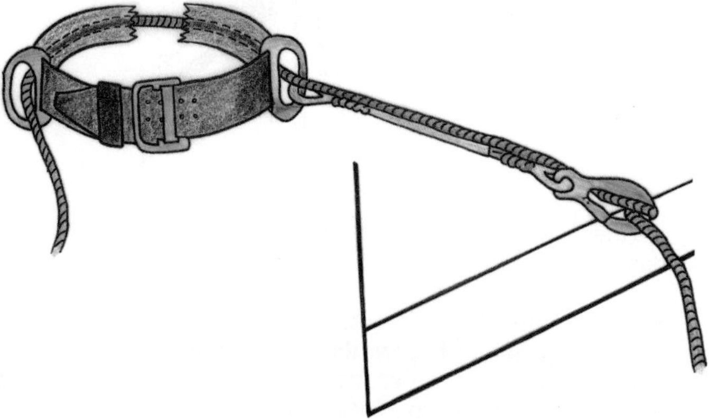

Man kann auch das Leinenende vor dem Befestigen an einem festen Haltepunkt **einmal** durch die **rechte Fangöse** ziehen und es **anschließend** in den **Karabinerhaken** am **losen Sicherungsseil einschlagen.**

Lebenswichtig: Das **Lastende** der Leine (das an einem festen Haltepunkt befestigt wurde!) **muss unbedingt auf der Seite der Karabineröffnung (=Sperrklinke) ablaufen.**

3. Methode

Bei dieser Methode wird das Leinenende wiederum von dem Befestigen an einem festen Haltepunkt **einmal** durch die **rechte Fangöse** gezogen und dann in den **in die zweite Fangöse eingehängten Karabinerhaken des Sicherungsseils eingeschlagen.** Auch hier ist unbedingt darauf zu achten, dass das Lastende auf der rechten Seite der Karabineröffnung (=Sperrklinke) abläuft.

Grundsätzlich gilt:
Die Ausrüstungsgegenstände mit Tragerimen wie Feuerwehrleinen, FuG10 und Atemschutzmasken müssen ausreichend fixiert werden, damit der Trupp im Innenangriff nicht „hängen bleibt".

13.8 Atemschutznachweistafel

Es müssen geeignete Hilfsmittel verwendet werden, hier einige Beispiele von Atemschutzüberwachungstafeln mit Zeitmesser und Dokumentationsmöglichkeiten, usw: (Siehe auch Kapitel 14)

Atemschutz-
über-
wachungs-
tafeln:

Auer Control

Auer Control E

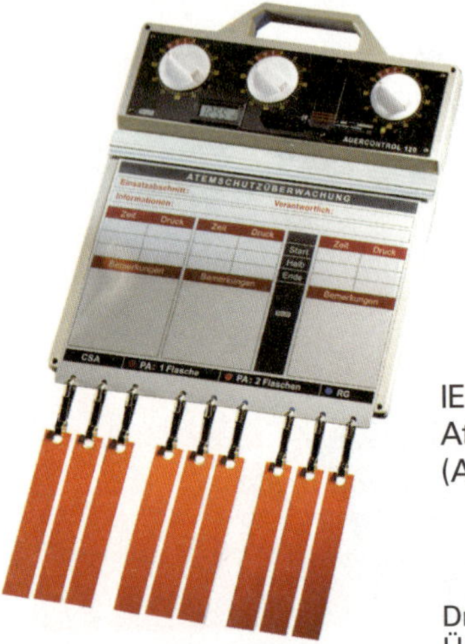

IEP,
Atemschutzeinsatzführung
(AEF)

Dräger
Überwachungstafeln
Regis 100 und 200
mit Alarmgeber

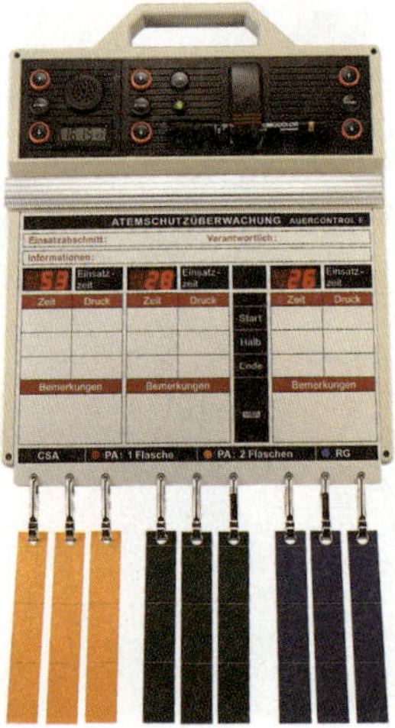

Bei jedem Einsatz und jeder Übung unter PA müssen die Atemschutzüberwachungstafeln eingesetzt werden, eine Dokumentation ist **Pflicht!**

13.9 Holzkeile am Feuerwehrhelm

Holz-Unterlegkeile werden von vielen Feuerwehrangehörigen am Helm getragen. Diese dienen unter anderem

- zur Sicherung des Rückweges bei einseitig zu öffnenden Türen
- zum Aufsperren von Fenster und Türen bei der Be- und Entlüftung

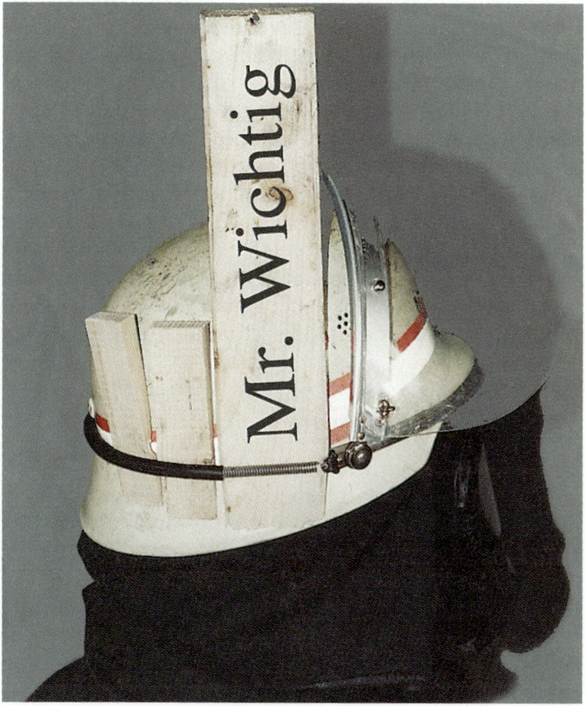

Feuerwehrleute öffnen immer wieder Türen um schnell zum Brandherd zu kommen. Dabei machen sie auch nicht vor rauchdichten und Feuerschutztüren halt. Damit die Feuerwehrleute ungehindert mit dem druckführenden Schlauch vorgehen können, keilen sie häufig die Türen auf. Im Normalzustand, d. h. „kein Brand im Gebäude", werden diese Keile von den Feuerwehrleuten entfernt, im Ausnahmezustand „Brandfall" werden diese Türen durch Holzkeile blockiert, d. h. eine wichtige Einrichtung des vorbeugenden Baulichen Brandschutzes wird außer Betrieb genommen. Im Einsatzfall gibt es immer wieder Türen, die geöffnet und offen gehalten werden müssen. Die o. g. Keile haben sich bewährt und werden es auch künftig tun. Wir sollten von allen vorgehenden Feuerwehrangehörigen erwarten, dass diese sich sehr gut überlegen, wann welche Tür aufgekeilt werden kann und wann nicht. Es kann nicht sein, das durch den Einsatz der Feuerwehr und durch das Aufkeilen von verschiedenen Türen (rauchdichte Türen) diese außer Kraft gesetzt und weitere Gebäudebereich durch Rauchgasschäden in Mitleidenschaft gezogen werden und somit dadurch große Schäden entstehen.

13.10 Wärmebildkamera

Betrachtet man die Brandbekämpfung Deutscher Feuerwehren, so muss man feststellen, das wir immer noch erhebliche Probleme haben, uns in verrauchten Räumen zu orientieren. Die Einführung von Wärmebildkameras, die uns helfen könnten, vollzieht sich jedoch sehr zögerlich. Die Wärmebildkamera dient zur besseren Orientierung des Atemschutztrupps im Brandobjekt, sie erleichtert das Auffinden vermisster Personen sowie das Auffinden von Brandherden und Glutnestern.

Wärmebildkamera

In den USA liegen zahlreiche Berichte über erfolgreiche Menschenrettungen in Verbindungen mit Wärmebildkameras (WBK) bzw. Infrarotkameras (IRK) vor.

Für die Feuerwehren die entlang von ICE-Strecken und sonstigen Tunnelsystemen in Deutschland eingesetzt werden, ist der positive Nutzen gerade in der Anwendung bekannt. Die meisten Wärmebild- oder Infrarotkameras sind nicht sehr gut für den harten Feuerwehreinsatz im Innenangriff geeignet, hier sind die Probleme die Hitze, Wasserdampf und starke Partikelbeaufschlagung das Problem. IR-Kameras benötigen außerdem noch eine IR-Lichtquelle, so dass in der Praxis verstärkt nur noch Wärmebildkameras zum Einsatz kommen.

Viele dieser Geräte liefern bei ständiger und dauerhaften hohen Temperaturen nur noch weiße Bilder, achten Sie bei der Geräteauswahl auf den notwendigen Temperaturschutz!

Wärmebildkameras lassen sich im Brandeinsatz u. a. für

- Suche nach Menschen oder Tieren
- Ausbreitungsverfolgung
- Branddetektion von unklaren Brandherden
- Suche nach Glutnestern für Nachlöscharbeiten
- Füllstand von Gefahrgutfässern/ - waggons beurteilen, usw.

verwenden.

Einsatzgrundsätze im Wärmebildkameraeinsatz.

Zu den allgemein bekannten Einsatzgrundsätzen sind im Einsatz mit der Wärmebildkamera einige zusätzliche Punkte zu beachten:

1. Die Wärmebildkamera ersetzt nicht das sorgfältige Absuchen von Räumen!
2. Die Wärmebildkamera ersetzt nicht die Rückwegsicherung. Eine Schlauch- oder Leinensicherung ist trotz Wärmebildkamera zwingend notwendig.

3. Die Wärmebildkamera ersetzt nicht das umsichtige Handeln des Geräteträgers. Es ist trotz Wärmebildkamera notwendig, die Umgebung und vor allem den zu beschreitenden Weg mit den Augen zu beobachten. (Rauchgasentwicklung und Trittsicherheit des Bodens!!!)
4. Der Geräteträger der durch die Wärmebildkamera schaut, ist auf die Hilfe des zweiten Truppmitgliedes angewiesen um durch das Gebäude geleitet und auf Gefahren hingewiesen zu werden.

13.11 FogNail

Auch die Entwicklung neuer Löschtechniken kommt nur unwesentlich voran. Bis auf wenige Ausnahmen, bekämpfen wir die Brände heute noch wie vor 20 Jahren. Nach wie vor dringt der vorgehende Trupp in der Regel in den Brandbereich ein, riskiert dabei seine Gesundheit und kämpft mit einer erheblichen Wärmebeaufschlagung und extremen Sichtbehinderungen.

In vielen Bereichen der Feuerwehr gibt es gute technische Entwicklungen die noch nicht flächendeckend eingeführt und bekannt sind. Hier soll am Beispiel des s. g. FogNail gezeigt werden, das eine Brandbekämpfung auch anders durchgeführt werden kann. Was sind die Vorteile eines FogNail bei einem Brandeinsatz?

- Durch den Einsatz des FogNail kann ein Öffnen der Tür oder Fenster zum Brandraum vermieden werden. Dadurch wird eine Gefährdung des Trupp´s reduziert und auch dadurch wird eine Sauerstoffzufuhr verhindert die eine mögliche Durchzündung zur Folge gehabt hätte.

- Der Trupp setzt einen FogNail ein. Mit diesem „Nebelnagel" kann er fein verteiltes Wasser durch ein Loch in der Tür in den Brandraum sprühen. Das Feuer wird deutlich eingedämmt. Wie es letztendlich gelöscht wird, kann lageabhängig ohne Zeitdruck entschieden werden.

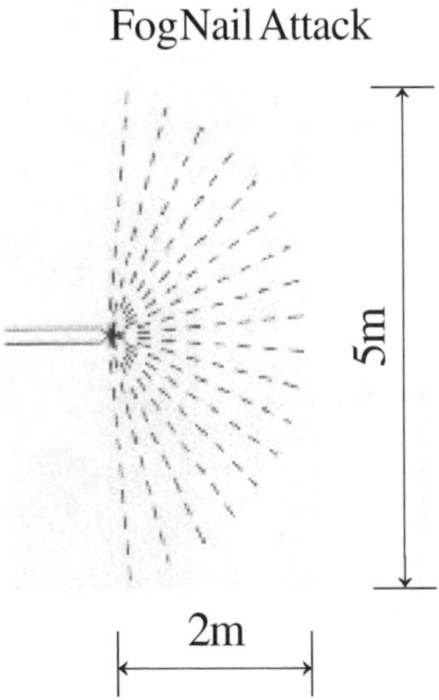

Der FogNail ist zu sehen wie eine Art Löschlanze, an der Spitze tritt das Wasser sehr fein aus. Der Nagel wird über einen Standard D-Schlauch mit Löschwasser versorgt, die Einspeisung erfolgt mit der Standard Feuerlöschkreiselpumpe des Fahrzeugs oder einer Tragkraftspritze.

- Es wird im Vergleich zum C-Strahlrohr wesentlich weniger Wasser eingesetzt, dadurch werden mögliche Wasserschäden verhindert.
- Es kann kein gefährlicher Brandrauch mit Partikel in andere Bereiche austreten, da die Tür geschlossen ist. Das Feuer und die Brandbekämpfung beschränkt sich auf einen Raum.

FogNail

Im Einsatz

Der Angriffstrupp unter PA steht entspannt vor der Tür. Die Tür bleibt während des Löschangriffs geschlossen. Diese Tür hält Rauchgase zurück und schützt den Trupp gegen die Wärmestrahlung und mögliche Stichflammen. In der Wand neben der Tür steckt ein FogNail, der über einen D-Schlauch mit ca. 60 l/min bei 8 bar gespeist wird.

Je nach Einsatzsituation kann somit die Lage schnell Stabilisiert werden ohne das der Trupp sich der Gefährdung im Brandraum aussetzt.

Dazu Dr. Markus Pulm, Oberbrandrat der Branddirektion Karlsruhe:

Brandbekämpfung auch bei geschlossenen Türen und Fenstern ist ein Vorgang, den man nur von stationären oder halbstationären Löschanlagen kennt. Sind derartige Einrichtung nicht vorhanden, so müssen Feuerwehrleute eingreifen, müssen sich einen Zugang zum Brandraum verschaffen und den Kampf mit dem Feuer aufnehmen, sofern kein Fognail@ oder ein vergleichbares Gerät zur Verfügung steht. Mit Hilfe des Fognail@ ist es möglich, Löschwasser durch geschlossene Türen und Fenster, durch Wände und Decken hindurch in den Brandraum zu befördern. (Siehe Artikel und Fachbuch von Dr. Markus Pulm)

13.12 Gleitringe für den druckführenden Schlauch

Der entscheidende Faktor beim Brandeinsatz und Menschenrettung ist die Zeit, jeder Feuerwehrmann der schnell und sicher unter einem Pressluftatmer einen Brand finden und bekämpfen, sowie eine Person retten muss, kann das bestätigen. Denn je schneller der Brandherd erreicht wird und je schneller eine Person gefunden wird, desto effektiver kann das Feuer bekämpft werden, bzw. der Person geholfen werden. Aber auch beim Rückzug kommt es auf jede Sekunde an. Entscheidende Schwachpunkte hierbei sind von jeher der Schlauch und insbesondere die Schlauchkupplungen. Sie bleiben schnell hängen und lassen so Treppenstufen, Leitern, Schwellen und Kanten oder auch Schlauchtragekörbe zu zeitraubenden Hindernissen werden. Das kostet wertvolle Sekunden und bindet Einsatzkräfte wie auch den Schlauchtrupp.

Der Schlauch mit Kupplung gleitet über die Treppenstufen

Der Schlauch und die Kupplung geht mit dem Gleitring an der Türzarge vorbei!

Es müssen keine weiteren Einsatzkräfte im Treppenhaus abgestellt werden, die den Schlauch „nachführen" müssen. Der Trupp unter PA muss nicht „zurückgehen" um den festhängenden Schlauch zu befreien.

13.13 Innen- und Außenvierkant

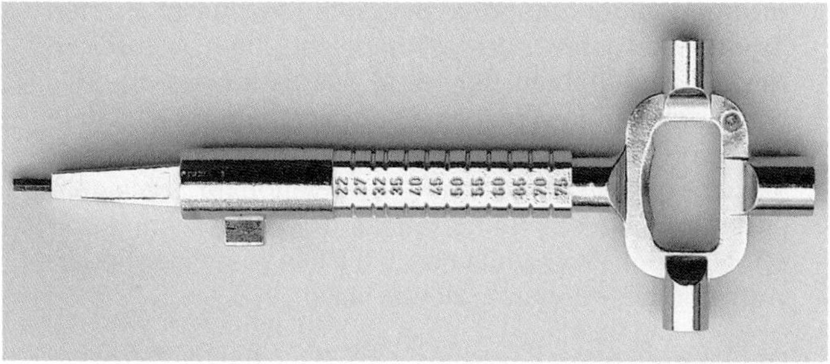

Mit diesem Werkzeug lassen sich verschlossene Fenster und Türen ohne Klinke bzw. Knauf öffnen. Dieses kann in gewissen Situationen lebensrettend sein, aus diesem Grund dient es auch bei einem evtl. Rückzug nach Flashover oder Backdraft als Mittel zur Rückzugssicherung.

13.14 Feuerwehrleine

Die Feuerwehrleine muss ein Atemschutzgeräteträger mitführen. Ohne eine Feuerwehrleine können notwendige Tätigkeiten nicht wahrgenommen werden.

Um die Feuerwehrleine vor Schmutz zu schützen und damit sie im Einsatz rasch und ohne Schlingenbildung ausläuft, wird sie in einen genormten Tragebeutel gelegt.

Dabei wird so verfahren, dass der Feuerwehrmann den Tragebeutel in die rechte Hand nimmt und durch sie die Leine laufen lässt. Mit der linken Hand wird dann die Leine (Knebelende zuerst) nach und nach in den Beutel eingesteckt. Diese „Verpackungsart" gewährt ein einwandfreies Auslaufen der Leine (mit Beutel) beim Auswerfen. Obwohl bei genauer Auslegung der Normbestimmungen eigentlich das Schlaufende zuerst in den Tragebeutel gehört und das Knebelende beim Auswerfen des Tragebeutels in der Hand des Feuerwehrmannes bleibt, empfiehlt es sich, wie schon gesagt, das Knebelende der Leine zuerst in den Tragebeutel zu stecken. Nur so ist es sichergestellt, dass sich die Feuerwehrleine (Schlaufenende) im Falle des Selbstrettens mühelos, schnell und ohne großen Zeitverlust durch die Fangösen des Feuerwehr-Sicherheitsgurtes ziehen lässt.

Die Feuerwehrleine gehört zur persönlichen Ausrüstung des Feuerwehrangehörigen und dient insbesondere

- zum Retten von Menschen aus höhergelegenen Stockwerken und aus Schächten
- zum Sichern von vorgehenden Trupps in unübersichtlichen Einsatzstellen sowie dort wo Absturzgefahr besteht
- zum Hochziehen und Sichern von Geräten

Wichtig:
Feuerwehrleinen dürfen niemals als Arbeitsleinen verwendet werden. Beide Leinenarten können untereinander nicht verwechselt werden, weil Arbeitsleinen grundsätzlich rot zu kennzeichnen sind!

Wie wird die Feuerwehrleine angelegt?

Zum Gebrauch der Feuerwehrleine gehört auch die Kenntnis der Möglichkeiten wie ich sie befestigen kann. Dieses wird bei der Feuerwehr als „anschlagen" bezeichnet. Der Feuerwehrangehörige bedient sich dabei der Schlingenstiche und Schlaufenstiche! Gerade ein Atemschutzgeräteträger sollte den Pfahlstich/Rettungsknoten/Brustbund beherrschen, wie will er sonst qualifiziert uns sicher z. B. eine Person aus einem Schacht holen oder über eine Steckleiter herab führen?

Schlingenstiche und Schlaufenstiche

Schlingenstiche

Die Schlingenstiche ziehen sich beim Anziehen der Leine fest um den angeschlagenen Gegenstand, so dass der Gegenstand fest umschnürt wird. Sie sind daher zur Befestigung der Feuerwehrleine an Menschen und Tieren nicht geeignet! Denn, es besteht die Gefahr des Einschnürens der Luftwege, Nerven, Blutgefäße, usw.

Zimmermannstich

Mit ihm werden Feuerwehrleinen an Pfählen und Stämmen befestigt. Insbesondere wird er zum Hochziehen von Hölzern verwendet.

Mastwurf

Er kann gelegt oder gebunden werden und dient zum Festlegen der Feuerwehrleine an einer Stange, einem Pfahl oder ähnlichem.

Doppelter Ankerstich

Er findet Verwendung beim Festlegen oder Anschlagen einer Last an einem Ring oder Bügel.

Schlaufenstiche (im Sprachgebrauch werden sie als Knoten bezeichnet)

Die Schlaufenstiche ziehen sich beim Anziehen der Feuerwehrleine nicht fest auf den Gegenstand, sondern nur in dem geschlagenen Stich, dem eigentlichen Konten zusammen, so dass der Gegenstand oder Mensch lose in der mit der Leine gebildeten Schlaufe sitzt. Es gibt:

Pfahlstich/Rettungskonten/Brustbund

Weil er das Zusammenziehen des Brustkorbes verhindert, wird er hauptsächlich beim Retten und Sichern von Personen verwendet.

Es ist stets darauf zu achten, dass insbesondere bei weiblichen Personen aber auch bei fetten Männern mit Brustansatz, der Rettungskonten oberhalb der Brüste angelegt werden. Wenn darauf nicht geachtet wird, kann es zu Gewebeabrissen und einem Einschneiden in das Brustgewebe kommen!!!

Dieser Konten kann auch z. B. einem verunfalltem Atemschutzgeräteträger zur Rettung angelegt werden. Hierbei wird der Knoten über das Atemschutzgerät angelegt, d. h. zwischen Kopf und Atemschutztrageplatte und unter den Armen.

Schotenstich

Er dient insbesondere um Verbinden zweier – auch verschieden starker – Leinen.

Kreuzknoten

Er findet Anwendung, wenn zwei Enden verknüpft werden oder zwei gleich starke Leinen miteinander verbunden werden sollen. Beide kurzen Enden müssen auf einer Seite liegen.

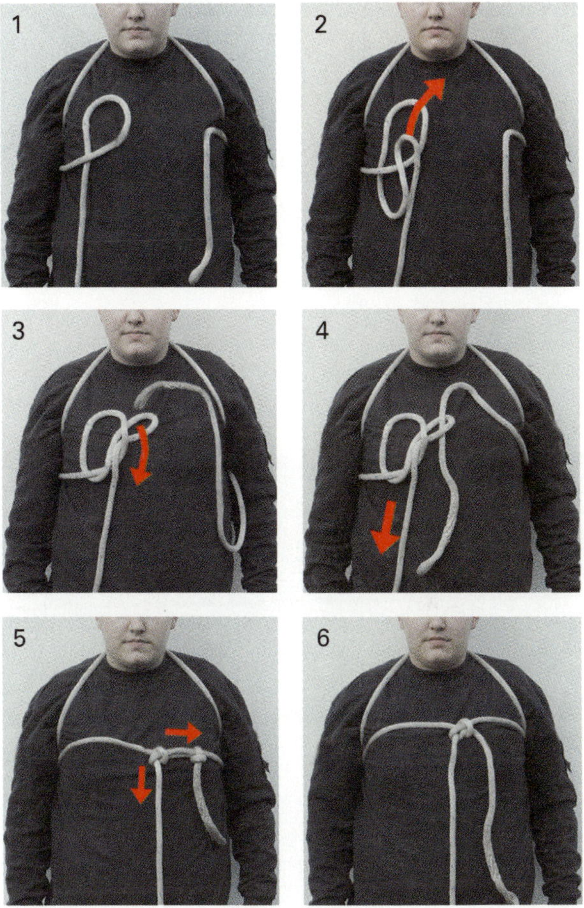
1
2
3
4
5
6

NOTIZEN:

14. Atemschutzüberwachung

Atemschutzüberwachung ist **notwendig** und **Vorschrift!** Siehe hier auch die Feuerwehr-Dienstvorschrift FwDV 7, Punkt 7.4, „Dokumentation"

Die Notwendigkeit der Atemschutzüberwachung zeigen viele Erfahrungen aus der bisherigen Einsatzabwicklung. Die unter Atemschutz eingesetzten Kräfte sind einer Vielzahl von Gefahren ausgesetzt, die sich aus den Gegebenheiten der Einsatzstelle und den Umständen des Einsatzes ergeben. Der Einsatz der Trupps erfolgt in unbekanntem Umfeld, meist unter eingeschränkten Bedingungen wie Verqualmung, Hitze usw. Hinzu kommt ein massiver Druck durch Zeitmangel und die Erfordernis schnellstmöglich Menschen in Not Hilfe zu leisten. Auch die Kommunikation zur Führung und Einsatzleitung außerhalb der Einsatzstelle im Gebäude ist beeinträchtigt und wird nur über eine Funkverbindung gehalten.

Leider ist aus vielen Unfällen und Veröffentlichungen zu erkennen, dass sich die größten Risiken zu Beginn des Einsatzverlaufes bilden. Es sind in der Regel zu wenig Einsatzkräfte am Anfang des Einsatzes vor Ort, die Lage ist noch unklar und es gibt noch zu viele Unbekannte Faktoren vor Ort, die erst noch ermittelt werden müssen.

Grundsätzlich gilt:

1. Eine Atemschutzüberwachung muss für jeden eingesetzten Atemschutztrupp durchgeführt werden.
2. Um eine kontinuierliche Überwachung des Atemschutzeinsatzes zu gewährleisten, ist es notwendig die Kontrolle bereits beim ersten eingesetzten

Trupp zu beginnen. Versäumnisse können im Laufe des Einsatzes nicht mehr nachgeholt werden.

3. Je Einsatzabschnitt ist bei unübersichtlichen Einsatzstellen eine eigene Überwachungsstelle notwendig. Hier wird es durch die von der Atemschutzüberwachung bereitgestellten Daten möglich, für die weitere Planung/Durchführung des Einsatzes vorbereitend tätig zu werden. Es können Reserven gebildet oder herangeführt werden. Die weiteren Maßnahmen zur Versorgung eingesetzter Kräfte auf Basis der vorhandenen Zahlen kann somit koordiniert werden. Ab einer bestimmten Größenordnung sollte eine Zentralisierung erfolgen!
4. Bei jedem Atemschutzeinsatz mit Isoliergeräten und bei jeder Übung mit Isoliergeräten muss grundsätzlich eine Atemschutzübewachung durchgeführt werden.
5. Der jeweilige Einheitsführer der taktischen Einheit ist für die Atemschutzüberwachung verantwortlich!
6. Nach einem und nach zwei Drittel der zu erwartenden Einsatzzeit ist durch die Atemschutzüberwachung der Atemschutztrupp auf die Beachtung der Behälterdrücke hinzuweisen.
7. Für den Atemschutznachweis sind mindestens der Name des Atemschutzgeräteträgers, das Datum, der Einsatzort (z. B. 1. OG, linker Flügel) sowie die Atemschutzeinsatzzeit zu registrieren.

Es gilt zu beachten:

Der Standort der Überwachung soll möglichst nahe am Einsatzbereich der jeweiligen Einheit sein, um unnötige

Fehlzeiten durch mögliche lange An- und Abmarschwege zum Kontrollpunkt zu vermeiden.

ALLE eingesetzten Trupps sind zu überwachen!

Was sind die Bestandteile der Atemschutzüberwachung?

- Kommunikation zwischen „innen" (Trupp unter PA) und „außen" (Führung/Überwachung)
- Registrierung und Überwachung von Daten innerhalb (einzelne Trupps) und außerhalb der eigentlichen Einsatzstelle sowie der dazu notwendigen Tätigkeiten
- Kommunikation innerhalb des Trupps anweisen
- Rechtzeitige Warnung eingesetzter Trupps nach Kontrolle der Einsatzzeiten und bei Wahrnehmung von veränderten Lagen (Explosion, Einsturz, Durchzündung, besondere Lage, usw.), die für die Einsatzkräfte in der Einsatzstelle nicht wahrzunehmen sind.
- Rechtzeitige Info. an die Einsatzleitung und nach Abstimmung Bildung beziehungsweise Anforderung von Geräte- und Personalreserven aufgrund der gesammelten Daten über beispielsweise die Anzahl der eingesetzten Geräteträger.

Wichtig für die Einsatzleitung:

Aufgrund der Kenntnisse über den Aufenthaltsort und den Einsatzauftrag der eingesetzten Trupps, die bei Beginn des Einsatzes an der Einsatzstelle auf den Überwachungstafeln notiert werden, kann die Atemschutzüberwachung wertvolle Angaben bei den Rettungsmaßnahmen bereitstellen. Auch die gesammelten Daten über die eingesetzten Geräteträger und Geräte, bildet die Grundlage für eine mögliche Erhöhung der Alarmstufe.

Deshalb: Kommunikation und Dialog mit der Atemschutzüberwachung ist unbedingt notwendig!!!

Durchführung der Atemschutzüberwachung

Ausgehend von den Erfahrungen mit den vorhandenen und erprobten Atemschutz-Überwachungstafeln, erscheint die Handhabung von verschiedenen Systemen realisierbar. Die „Boards" (Überwachungstafeln) sind robust und zum Teil einfach zu bedienen. Die Verfolgung der Einsatztätigkeit der eingesetzten Kräfte geschieht durch Steckschilder und/oder Anhänger, Namensschilder die durch ein Haken- und Flauschband am Brandbekämpfungsanzug befestigt sind.

Die Überwachung geschieht truppweise. Einzelpersonen können durch Plaketten an den Atemschutzgeräten registriert werden. Es könnte auch jeder Atemschutzgeräteträger eine Plakette erhalten. Grundsätzlich gilt innerhalb des Trupps:

> **Der schwächste Truppangehörige begrenzt sowohl die zeitliche, physische und psychische Belastbarkeit!**

Die Überwachung erfolgt auf der Ebene der taktischen Einheiten. Verantwortliche sind die jeweiligen Einheitsführer. Die Überwachung erfolgt dabei grundsätzlich zunächst fahrzeugbezogen und von jedem Löschfahrzeug aus, anschl. wird die gesamte Atemschutzüberwachung koordiniert und abgestimmt.

Möglichkeiten zur Durchführung der Atemschutzüberwachung: (Siehe auch Kapitel 13.8)

- Die Schilder (oder ähnliches) der eingesetzten Trupps werden zuerst beim Maschinisten des jeweiligen Fahrzeuges vor Eintritt in die Einsatzstelle abgegeben. Es ist wichtig, dass dabei bereits die ersten Trupps registriert werden. Denn bei einer Veränderung der Schadenslage und der Ausbreitung komplexerer Einsatzmaßnahmen können Versäumnisse in der Überwachung nicht nachgeholt werden.
- Auch die Rettungstrupps müssen erfasst werden!!!
- Aktivierung der Notsigalgeber
- Jedem eingesetzten Trupp muß ein Handsprechfunkgerät mit dem eingestellten Kanal zur Verfügung gestellt werden
- Der Maschinist gewährleistet die Überwachung der Kräfte seines Fahrzeuges, er notiert mindestens auf der Tafel:

  a) Funkrufname
  b) Namen der Geräteträger
  c) Flaschenfülldruck vor dem Einsatz
  d) Gesamt-Einsatzzeit, Uhrzeit von – bis, Datum
  e) Uhrzeiten beim Anschließen des Lungenautomaten, Uhrzeit bei 1/3 und bei 2/3 der zu erwartenden Einsatzzeit
  f) Einsatzbereich ZIEL & WEG(z. B. 2. OG, erster Raum über das linke Treppenhaus)

- Die Zeit wird mittels Timern mit Countdown-Funktion überwacht. Hier ist häufig das Problem festzustellen, das die Batterien entleert sind, es können auch s. g. „Eieruhren" verwendet werden, die einfach mechanisch aufgezogen werden. Die Uhren zählen nach Ablauf der eingestellten Zeitspanne aufsteigend weiter, so dass auch eine Überprüfung der eventuellen Überfälligen Trupps möglich wäre. Nach Ablauf sollte ein akustischer Signalton erfolgen!
- Ab vier eingesetzten Trupps unter PA sollte eine zentrale Überwachung erfolgen.
- Für die zentrale Überwachung sollte ein Gruppenführer zur Verfügung stehen.
- Je Einsatzabschnitt ist bei unübersichtlichen Einsatzstellen eine eigene Überwachungsstelle notwendig.
- Das Überwachungspersonal muss 2-m Funkgeräte und ein 4-Funkgerät haben!
- Der Standort der Überwachung muss gekennzeichnet sein, es wird empfohlen auch dort die Atemschutzsammelstelle einzurichten!

Atemschutzsammelstelle, Atemschutzüberwachungsstelle:

Dieses ist die Kontrollzone und der verantwortliche Überwachungsbereicht!!! Vorab sprechen wir über einige Fachwörter und Bergiffsbestimmungen im Allgemeinen:

Kontaminieren:

Verunreinigung eins Materials durch Schadstoffe.

Kontamination:

Zustand einer Verunreinigung eines Materials durch Schadstoffe.

Dekontamination:

Beseitigung oder Verringerung einer Verunreinigung durch

- chemischer oder physikalischer Verfahren
- Abwaschen oder Reinigung mit Chemikalien

- Dekontamination von Luft und Wasser
- erfolgt durch Filtern bzw. Verdampfen

Inkorporation:

Eindringen eines Schadstoffes in den Körper

- Atmung
- Haut
- Nahrung

- nicht essen
- nicht rauchen
- nicht trinken **im unmittelbaren Gefahrenbereich**

Der Bereich der Atemschutzsammelstelle und der Atemschutzüberwachungsstelle muss außerhalb des Gefahrenbereiches liegen. Es darf nicht sein, dass die Atemschutzgeräteträger in dem Bereich eine Registrierung erfahren oder dort ihre PA und Flaschen wechseln sollen, wo das Einsatzgeschehen abläuft, bzw. sich auch Rauchgase und Partikel niederlassen. Je nach Schadenslage ist der Platz in sicherer Entfernung von dem Schadensereignis zu wählen, man weiß ja nie wie sich die Lage noch entwickelt.

NOTIZEN:

15. Aufgaben des Rettungs/ Reservetrupp

(ab März 2003. Sicherungstrupp, FwDV 7)

Der Reserve-/Rettungstrupp **muss sofort** zur Verfügung stehen. In unmittelbarer Nähe zum Einsatzort und außerhalb des Gefahrenbereiches muss ein Reserve-/ Rettungstrupp bereitstehen.

Der Reserve- /Rettungstrupp trägt die komplette Schutzkleidung, hat den Pressluftatmer und die Atemschutzmaske angelegt und sowohl die Kurzprüfung als auch die Maskendichtprobe durchgeführt. Auch dieser Trupp ist mit einem 2-Meter Sprechfunk- und Beleuchtungsgerät ausgestattet, je nach Lage auch mit einem druckführenden Schlauch.

Die Aufgaben des Rettungstrupp sind je nach Situation:

- Das Suchen und Auffinden möglicher verunglückten Feuerwehrangehörigen
- Sofortige Lagemeldung und Stabilisierung der Lage (Brandschutz, Sicherung gegen weitere Schadenseinwirkungen ,usw.)
- **Sofortige** Rettung, evtl. Erstversorgung, Sicherung oder Wiederherstellung der Atemluftversorgung, evtl. technische Rettung aus einer Zwangslage, Transport aus dem Gefahrenbereich

NOTIZEN:

16. Führung der Kräfte unter PA

Es ist schon eine andere Situation, Kräfte unter PA über Funk zu führen, als bei einem Einsatz wo ich die Handlungen und Erfolge/Misserfolge der Kräfte sehen kann. Nicht nur die Tatsache das man sich auf die Info. und Vorgehensweisen der eingesetzten Trupps im Innenangriff verlassen muss, sondern auch das die Kommunikation ja nach Schadensgröße nicht mehr direkt über die Einsatzleitung läuft, sondern über den Kanal der Atemschutzüberwachung.

Grundsätzlich ist an der Einsatzstelle eine hierarchische Führungsstruktur notwendig. Es muss für einen reibungslosen Ablauf innerhalb der Pyramidenform die klassische Militärstruktur von „Befehl und Gehorsam" herrschen. Den Feuerwehrangehörigen unter PA, bzw. den einzelnen Trupps wird tatsächlich von ihrem jeweiligen Führungskräften in der bekannten Befehlsstruktur gem. FwDV 3 und 4 der Auftrag in Befehlsform

„Einheit – Auftrag –Mittel – Ziel – Weg" vorgegeben.

Zum Beispiel: „Angriffstrupp unter PA zur Brandbekämpfung mit 1. C-Rohr zum 2. OG über die Steckleiter vor!"

Um einen qualifizierten Gesamteinsatz zu ermöglichen gilt auch hier der Grundsatz:

Werden Ihnen als verantwortliche Führungskraft für einen Bereich Informationen nicht von Ihren übergeordneten Führungsebenen oder der TEL selbständig gegeben, dann fragen Sie nach!

Als besonders wichtig wird hier herausgestellt und empfohlen, Einsatzabschnitte ja nach Schadenslage und eine Einsatzmittelzuweisung für die Einsatzabschnitte durchzuführen. Grundsätzlich gilt, die Alarmstufe ist **sofort** zu erhöhen, sobald eine gewisse Anzahl an eingesetzten Trupps und Reservetrupps erfolgt ist. (je nach örtlicher Gegebenheit, kann das schon bei zwei eingesetzten Trupps sein)

Die Lageerkundung kann in der Anfangsphase nur durch die Kräfte unter PA aus nächster Nähe erfolgen, hier sind die Info. ganz klar abzufragen und mit gewissen Zeitabständen sind Lagemeldungen ständig zu fordern.

Die bereits erwähnten Tafeln zur Atemschutzüberwachung sind einzusetzen und eine Dokumentation ist ständig zu betreiben.

Wir hoffen an dieser Stelle und beten zu Gott, dass alle Führungskräfte sich über folgendes im Klaren sind:

> **Ein Unfall auch unter PA kann strafrechtliche Konsequenzen für die jeweilige Führungskraft nach sich ziehen!**
>
> **Jede Führungskraft muss sich darüber im klaren sein, dass ein Einsatz ohne gültige medizinische Vorsorgeuntersuchung G26 oder ohne Ausbildung und regelmäßiges Üben nicht nur das Leben dieser Kameraden sondern auch das Leben anderer gefährdet.**
>
> **Auch der rechtzeitige Austausch von Einsatzkräften ist oberstes Gebot sowie das rechtzeitige Nachalarmieren weiterer Kräfte.**

NOTIZEN:

NOTIZEN:

17. Training für aktive Feuerwehrangehörige

17.1 Brandsimulationsanlagen, -häuser und Hotfiretraining

Die Idee die hinter s. g. **Brandsimulationsanlagen und -häusern sowie dem Hotfiretraining (Brandcontainer)** stehen sind klar. Die Feuerwehrangehörigen müssen immer wieder im Innenangriff unter Atemschutz in Gebäude vorgehen, die nicht bekannt sind und zum Teil durch Rauchgase oder Dunkelheit nicht eingesehen werden können. Auf diese Aufgabe hat man sich bisher in Atemschutzübungen, welche mit der Hilfe von **Diskonebel** in geeigneten Örtlichkeiten durchgeführt wurden, vorbereitet.

In den letzten Jahren hat sich die Bauweise geändert und somit auch Probleme für die Brandbekämpfung mit sich gebracht. Der Trend geht zu Niedrigenergiehäuser, welche immer besser isoliert und dadurch „dichter" werden. Durch diese Dichtheit der Häuser zum Beispiel durch 3fach Verglasung bei Fenster, ändert sich der Brandverlauf, das Feuer bekommt nicht mehr genug Sauerstoff und die Gefahr einer Rauchgasdurchzündung **(Flashover oder Backdraft)** steigt.

Diesen Gegebenheit muss die Feuerwehr mit einer angepassten Ausbildung begegnen. Es muss mit jener Materie geübt werden, mit der man es auch im Ernstfall zu tun hat, dem Feuer, der Hitze, der Dunkelheit und dem Rauch! Dies hat den Vorteil, dass man die Hitze und den entstehenden Wasserdampf beim Löschen erlebt und dadurch besser zu kontrollieren und einschätzen lernt. Natürlich ist diese Art der Ausbildung mit mehr Risiko behaftet als eine kalte Ausbildung. Im Einsatz muss man aber auch handeln und man kann auch dort keine gesicherten Bedingungen schaffen wie bei einer Übung.

Es gibt an allen Landesfeuerwehrschulen s. g. Brandhäuser. Dort hat man schon „fast Einsatzrealistische" Bedingungen und lernt sehr viel über die richtige Vorgehensweise unter Atemschutz.

Erstmals wurde für die Wehren unseres Landkreises eine Übung in einem s. g. Brandcontainer im Jahre 2002 in der Gemeinde Weilmünster durchgeführt. Alle Teilnehmer waren sehr positiv von der realistischen Möglichkeit einen „kl. Flashover" zu erleben und von dem Lerneffekt überrascht!

Das Anzünden von Übungsfeuern in Abbruchhäusern ist eine gefährliche Angelegenheit, da der Atemschutztrupp auf sich alleine gestellt ist und der Übungsleiter anders als bei einem Übungcontainer keine Einsicht auf den Ablauf hat. Auch die mögliche Gefahr, dass diese Abbruchhäuser dann tatsächlich in Brand geraten, ist natürlich nicht Sinn der Sache und für das Image der Feuerwehr förderlich. Aus diesen Gründen ist auf das Legen von Übungsfeuern in Abbruchhäusern **abzuraten!**

Es gibt die Möglichkeit von gasbefeuerten Übungsanlagen. Diese haben zwar den Vorteil, dass sie sehr umweltfreundlich sind und für jeden Trupp die gleichen Bedingungen schaffen, durch die Befeuerung mit Gas leidet aber der Realitätsfaktor, da eine Verrauchung wieder nur mit Diskonebel erfolgen kann, der sich aber nicht wie Brandrauch an der Decke sammelt sondern am Boden. Dennoch sind mobile Brandsimulationsanlagen und die Teilnahme an den Lehrgängen „Brandsimulationsanlagen" an den Landesfeuerwehrschulen dringend zu empfehlen!

Wenn man die **Auswahl** bei einem Brandeinsatz hat, sollte man immer nur den Feuerwehrangehörigen in das Gebäude schicken, der eine Atemschutz-, Truppführer- und Sprechfunkausbildung, eine gültige G26 hat, sich Gesund fühlt, eine mobile Brandsimulationsanlage oder den Lehrgang „Brandsimulationsanlage" an einer Feuerwehrschule besucht hat und über eine gewisse Einsatzerfahrung verfügt.

17.2 Umgang mit Nebelmaschinen

Die Erzeugung von Nebel zur Imitation von z. B. Brandrauch wird bei der Aus- und Fortbildung von Einsatzkräften der Feuerwehr zunehmend angewandt. Immer mehr Ausbilder und Führungskräfte erkennen, wie günstig sich dieses Medium zur praxisnahen Gestaltung von Übungen anwenden lässt. Aus der Durchführung von Belastungsübungen für Atemschutzgeräteträger in Atemschutzübungsanlagen ist heute die Vernebelung der Anlage nicht mehr wegzudenken. Für die Simulation von Brandrauch bei Übungen, z. B. einer Übung Wohnungsbrand, wird der Einsatz von Übungsrauch zunehmend beliebter.

Übungsnebel wird durch das Verdampfen spezieller Nebelfluide in Nebelmaschinen erzeugt. Für den Umgang mit Nebelmaschinen sollte man diese Hinweise beachten. Es wird darauf verwiesen, dass die an sich unbedenklichen Dämpfe der Nebelfluide bei längerer Inhalation die Schleimhäute reizen können. Deshalb sollten Nebelmaschinen nur eingesetzt werden, wenn es für den Erfolg der Ausbildung notwendig ist. Die Ausbilder sollten Menge und Einwirkzeit des Nebels auf ein Minimum beschränken und bei der Anwendung auf folgendes achten:

- Nebelmaschinen entsprechend der Betriebsanleitung vorbereiten, nutzen und nachbereiten.
- Ggf. eine Bedienungsanleitung erstellen und diese in die Übungskonzeption einfügen.
- Nur vom Hersteller der Nebelmaschine empfohlene Nebelfluide verwenden.
- Keine Nebelfluide mischen.
- Nebelfluide nicht verunreinigen
- Lagerfristen und Lagerbedingungen für das Nebelfluid beachten.
- Nebelmaschinen regelmäßig und entsprechende der Bedienungsanleitung warten und pflegen. Als ortsveränderliches Elektrogerät sollte die Nebelmaschine mindestens jährlich einer Sachverständigenprüfung unterzogen werden.
- Im Nebel geeigneten Atemschutz tragen, Pressluftatmer!
- Empfindliche Personen, wie Asthmatiker und Kleinkinder, dürfen keinen Übungsnebel einatmen.

17.3 Ausbildung zum Truppmann, Truppführer und die Sprechfunkausbildung

Truppmann-Ausbildung

Eine wichtige und notwendige Ausbildung, die auf Kreisebene mit ehrenamtlichen Kreisausbildern durch die Kreisfeuerwehrverbände organisiert und durchgeführt oder an den Landesfeuerwehrschulen absolviert werden.

Es ist nach HBKG Aufgabe der Landkreise (namentlich des Kreisbrandinspektor) der für die Durchführung verantwortlich ist. In unserem Landkreis Limburg-Weilburg wird die komplette finanzielle Abwicklung und ideelle Unterstützung durch den Kreisfeuerwehrverband gepflegt und umgesetzt. In anderen Landkreisen und Bundesländern kann das durchaus anders geregelt sein. Ausgebildet wird immer nach den Vorgaben der Landesfeuerwehrschule.

Ohne die Truppmann-Ausbildung keine Atemschutzausbildung, keine Truppführer-Ausbildung, keine Sprechfunker-Ausbildung und kein Einsatz unter Pressluftatmer möglich!

Truppführer-Ausbildung

Eine wichtige und notwendige Ausbildung, die auf Kreisebene mit ehrenamtlichen Kreisausbildern durch die Kreisfeuerwehrverbände organisiert und durchgeführt oder an den Landesfeuerwehrschulen absolviert werden.

Ein Feuerwehrangehöriger im Atemschutz**trupp** sollte mindestens die Truppführer-Ausbildung neben der

Atemschutzausbildung und der Sprechfunk-Ausbildung haben. Wenn möglich, sollten alle eingesetzten Atemschutzgeräteträger auch ausgebildete Truppführer sein sowie die Unterweisung in der Brandsimulationsanlage erhalten haben.

In der Truppführerausbildung werden auch **fachbezogene Grundlagen** wie

Brennen und Löschen
- Löschmittel
- Löschverfahren
- Anwendungsmöglichkeiten

Gefährliche Stoffe und Güter
- Arten und Wirkungen
- Transport

sowie Gerätekunde
- Schutzkleidung und Schutzgerät
- Rettungsgerät

und das Thema **Einsatzlehre** mit den Bereichen

Rettung
- lebensrettende Sofortmaßnahmen, insbesondere Einsatz von Sanitäts- und Wiederbelebungsgerät

Brandbekämpfung
- Vorgehen bei verschiedenen Brandobjekten z. B. Gebäudebrände, Fahrzeugbrände, Flüssigkeitsbrände

Gefahren an der Einsatzstelle

- Ausbreitung
- Atemgifte
- Atomkernenergie, Ionisierende Strahlung
- Angstreaktion
- Chemikalien
- Explosion, Zerknall, Stichflamme
- Einsturz
- Elektrizität
- Erkrankung

und der Bereich **Unfallverhütung** vermittelt.

Ohne diese Kenntnisse und die in diesem Fachbuch aufgeführten Informationen über **Geräte und Einsatzgrundsätze** sowie eine **Sprechfunk-Ausbildung**, sollte man **nicht** in den **Atemschutzeinsatz** gehen!

Sprechfunker-Ausbildung

Eine wichtige und notwendige Ausbildung, die auf Kreisebene mit ehrenamtlichen Kreisausbildern durch die Kreisfeuerwehrverbände organisiert und durchgeführt oder an den Landesfeuerwehrschulen absolviert werden.

Notwendige Ausbildung für den Truppführer unter Pressluftatemschutzgerät. Ohne die qualifizierte Kommunikation über ein Handsprechfunkgerät darf nicht in den Einsatz gegangen werden. Wie soll ein Feuerwehrangehöriger ohne Sprechfunkausbildung qualifiziert und sicher seine Anweisungen erhalten und zum Teil maßgebliche Lagemeldungen absetzen oder einen Notruf starten? Wenn möglich, sollten alle eingesetzten Atemschutzgeräteträger auch ausgebildete Sprechfunker sein. Ohne Sprechfunkausbildung ist auch keine CSA-Ausbildung möglich.

17.4 Empfehlungen für die Ausbildung

Wir müssen mehr auf das risikoreduzierte Verhalten der Atemschutzgeräteträger eingehen.

Lange Zeit standen vorwiegend die Schwachstellen-Analysen an technischen Systemen im Vordergrund, nach der menschlichen Zuverlässigkeit wird erst seit einigen Jahren vermehrt Ausschau gehalten. Trägt sie doch zum Gelingen oder Misslingen von Rettungsmaßnahmen in entscheidendem Maße bei. Inzwischen richten sich die Fragen nach einem risikoreduzierenden Verhalten der Einsatzkräfte unter PA nicht nur auf deren Aktionen in der Gefahrenbekämpfung, sondern auch auf deren kognitive Leistungen im Einsatzverlauf, siehe hier die Beispiele „falsche Taktik bei der Brandbekämpfung unter PA". Wahrnehmen und Denken sind entscheidende Funktionen, um Gefahren und Gefahrenentstehungen rechtzeitig auszumachen.

Es ist wichtig darauf zu achten, dass die Atemschutzgeräteträger nach der Ausbildung nicht nur in den Brandsimulationsanlagen und auf weiterführenden Lehrgängen fortgebildet werden, vor allem muss auf Standortebene mindestens in folgenden Bereichen fortgebildete werden:

Orientierungsübungen in dunklen und unbekannten Bereichen, mit Hindernissen sowie in verrauchten Bereichen.

Ständige **Handhabungsübungen** der Atemschutzgeräte und Masken. Das Anlegen und in Betrieb nehmen muss neben der notwendigen Kurzprüfung und dem Wechseln von Atemluftflaschen geübt werden.

Übung von **Einsatztätigkeiten** gem. FwDV 3, 4 und 2/1,usw.

Körperliche Belastungen durch typische Tätigkeiten wie Steigen, Tragen, usw.

Psychische Belastungen unter Lärm, plötzliche Situationen wie Defekte am Gerät und eine Trennung vom Trupp in Dunkelheit, usw.

Dieses nicht nur einmal im Jahr neben der vorgeschriebenen Streckendurchgänge auf der Atemschutzübungsanlage, sondern dieses muss in einen Übungsplan eingearbeitet und auf das Jahr verteilt werden. Hier sind die **verantwortlichen** Führungskräfte gefragt!

17.5 Empfehlungen für den Einsatz von Feuerwehrangehörigen unter PA

Neben den bereits erwähnten Einsatzgrundsätzen, einem ruhigen und sachlichen Vorgehen, sollte der Feuerwehrangehörige immer auf genügend

Flüssigkeit (Wasser, ISO-Getränke, usw.)

zugreifen können. D. h., wenn es möglich ist, hat der Feuerwehrangehörige unter PA immer einen ausgeglichenen Flüssigkeitshaushalt und sollte nach dem Einsatz auf jeden Fall genügend trinken. Von Alkohol ist dringend abzuraten!

Auch die notwendige

Hygiene

darf nicht außer acht gelassen werden. An der Einsatzstelle wird nicht gegessen und getrunken, nur außerhalb in Bereichen, die dafür vorgesehen sind. Auch eine Waschgelegenheit sollte es gerade nach dem Brandeinsatz geben, da wir mit unseren Händen die Schutzkleidung und die Atemschutzgeräte ablegen und somit in Berührung mit Partikeln kommen. Wie bereits beschrieben, darf die Einsatzkleidung nach einem Innenangriff im Brandeinsatz nicht in die Löschfahrzeuge und in den Spind.

Über die Anforderungen an Ausrüstung, Ausbildung und Training wurde in diesem Fachbuch schon vieles gesagt. Feuerwehrleute verrichten Schwerstarbeiten, wie sie ansonsten nur noch in der Eisen- und Stahlindustrie und der Bauwirtschaft erforderlich sind. Das Steigen von Treppen mit Schutzausrüstung und anschließende Retten einer 75kg-schweren Person ist ein

„schwerer Anschlag auf Herz und Lunge“!

Bei Alarm muss der Feuerwehrmann aus dem Zustand „Ruhe“ auf volle Leistung „schalten“.

Die Belastung und Gefährdung des Feuerwehrmannes im Einsatz sind:

- Physische und psychische Belastung
- Gefährdung durch Einsatzfaktoren

Außerdem:

- Der Puls beträgt bei 23jährigen Feuerwehr-angehörigen 80
- bei Alarmauslösung erfolgt eine Erhöhung auf 135
- bei der Anfahrt zum Einsatzort 140
- und bei der Brandbekämpfung sogar 150-190 (Untersuchungen aus den USA)

Die Tätigkeit des Feuerwehrangehörigen findet häufig bei Temperaturen von 40-60° C statt, kurzzeitig sind mehr als 200° C möglich.

Aus medizinischer Sicht müsste unter diesen Bedingungen die Arbeitszeit auf maximal 15-30 Minuten begrenzt werden!!!

Das Ergebnis ist ***Stress!***

- Unter Normalbedingungen kann der Mensch 3-5 Informationsfaktoren pro Sekunde verarbeiten.
- Unter Stress kann sich diese Fähigkeit bis auf 1 Faktor verringern (Eindringen in Gebäude, Straßen-verkehr usw.) Siehe Kapitel 18

Gefahren und Belastungen mit Schutz-ausrüstung

- Reiz- u. Ätzwirkung von Stoffen
- Blut-, Nerven- und Zellgifte
- Erstickungsgefahr
- Gewicht der Schutzausrüstung

- Beweglichkeit und Gesichtsfeld eingeschränkt
- schlechte Verständigung, Raumnot
  Gefährdungs- und Belastungsfaktoren
- Physische und psychische Belastung
- Thermische Belastung
- Einwirkung toxischer und/oder aggressiver Medien
- Mechanische Einwirkungen

Physische Belastung:

- Rückenerkrankungen sind bei Feuerwehrleute eine der Hauptursachen einer Frühpensionierung bzw. einer eingeschränkten Dienstfähigkeit
- Unser Vorschlag:
  1. **Dienstsport** in der Feuerwehr!
  2. Verminderung der Arbeitsbelastung und Schwere
  3. deutliche Verringerung des Gewichtes der Ausrüstung
  4. Intelligentes Trainingsprogramm zur Steigerung der körperlichen Fitness für Atemschutzgeräteträger , siehe Kapitel 17.6 Trainingsmöglichkeiten

Bei Arbeiten mit schwerem Gerät kann die Belastung der Bandscheibe ca. 6 t erreichen!

Einfluss von Atemschutzgeräten durch

- Anstieg der Herzfrequenz:
  bei Filtergeräten 6/min
  bei Pressluftatmern 11/min
- Anstieg des Luftverbrauchs:
  bei Pressluftatmern ca. 5 l/min

Thermische Belastung:

Strahlungsintensitäten ausgewählter Quellen

Strahlungsintensitäten	
Strahlungsquelle	Bestrahlungsstärke in W/cm^2
Holzstapelbrand	1,8-3,5
Treibstoffbrand	3,5-6,0
Straße – 1 Seite betroffen	1,7
1 Straßenseite – nur Fenster	0,6
SM-Ofen vor Ofenloch	3

Einsatz unter Hitzeschutzkleidung führt zu Erhöhung der Belastung!

- Hitzestau unter der Bekleidung
- bereits nach 25 Minuten Einsatzzeit Erhöhung der Rektaltemperatur auf bis zu 41,4° C
- bei Zweiteinsatz trotz 30minütiger Erholung nach 13-15 Minuten völlige Erschöpfung!

- extremes Schwitzen führt zu Gewichtsverlust von ca. 2 kg, teilweise bis zu 4 kg (gilt auch für Einsatz von CSA)
- Hitzestau unter der Bekleidung
- bereits nach 25 Minuten Einsatzzeit Erhöhung der Rektaltemperatur auf bis zu 41,4° C
- bei Zweiteinsatz trotz 30minütiger Erholung nach 13-15 Minuten völlige Erschöpfung!
- extremes Schwitzen führt zu Gewichtsverlust von ca. 2 kg, teilweise bis zu 4 kg (gilt auch für Einsatz von CSA) Kollapsgefahr: Schlussfolgerung: Maximale Einsatzzeit unter schwerem Atemschutz (25-30 Minuten) möglichst vermeiden!
- **Einwirkung toxischer und/oder aggressiver Medien:** bei Chemikalienunfällen enthält Schadstoffwolke meist nur eine Substanz
- bei Bränden Vielzahl von Schadstoffen: giftige Substanzen, wie CO, HCN usw.; stark reizende Substanzen wie Nitrosegase, Flußsäure, Salzsäure, Aldehyde u.ä.; krebserregende Stoffe, wie PAK's, Benzol usw.
- **Forderungen an Ausbildung und Training:** Training des richtigen Verhaltens in Standard- und Extremsituationen – „Gefühl für die Gefahr" entwickeln!
- Simulation realitätsnaher Einsatzbedingungen durch „heißes" Training (gasbetriebene Brandhäuser = erster Schritt)
- Erzeugen von Stress
- Training von Verhaltensweisen zur Stressbewältigung

- Heranführen an die eigene Leistungsgrenze im Training und Konfrontation mit unvorhergesehenen Situationen (besonders in der Atemschutzausbildung) zum Erkennen des richtigen Zeitpunktes für eine gefahrlose Rückkehr (dazu evtl. Überwachung der Körperfunktionen in Übungsanlagen)
- Verbesserung der Fitness, insbesondere zur Steigerung der Leistungsfähigkeit unter Schutzausrüstung Zum Thema Fitness: Schlechter Trainingszustand führt zu
- Erhöhung der Unfallrate
- Erhöhung der Ausfälle durch Rückenerkrankungen (10x höher als bei gutem Trainingszustand)
- hoher Herzinfarktrate
- höheren Behandlungskosten

Bei gutem Trainingszustand:

- Verringerung der Unfallhäufigkeit
- Verminderung der Rückenbeschwerden und damit verbundener Ausfallzeiten
- Senkung der Erkrankungs- u. Arbeitsunfähigkeitsrate
- Steigerung des Wohlbefindens und der physischen Belastbarkeit
- Durch Trainingsprogramme kann Fitness und Kondition um ca. 20% gesteigert werden!
  Aber: Durch Trainingsprogramme kann Fitness und Kondition um ca. 20% gesteigert werden!
  Aber: Mannschaftssportarten, Ballspiele und herkömmliches Krafttraining unzureichend

- mindestens 1x pro Woche gezieltes Krafttraining und Hebe- u. Trageschulung zur Vermeidung von Rückenbeschwerden Konditionstraining zur Steigerung der Leistungsfähigkeit unter Atemschutz (wie?)

17.6 Trainingsmöglichkeiten

Hier werden nur ein Teil der Trainingsgeräte vorgestellt, die man für Trainings verwenden kann. Es besteht kein Anspruch auf Vollständigkeit.

Der Climber simuliert das Hinaufsteigen von Leitern und Hindernissen.

Griffe und Pedale einer Seite sind dabei miteinander gekoppelt.

Stationäre Handgriffe bieten eine größere Stütze und isolieren gleichzeitig Kniesehnen, Schenkel- und Gesäßmuskeln für Übungen des unteren Körpers in Sitzposition, oder Tretübungen im Stehen. So entsteht ein wirkungsvolles Ganzkörpertraining, welches fast alle großen Muskelgruppen aktiviert.

Das Laufband

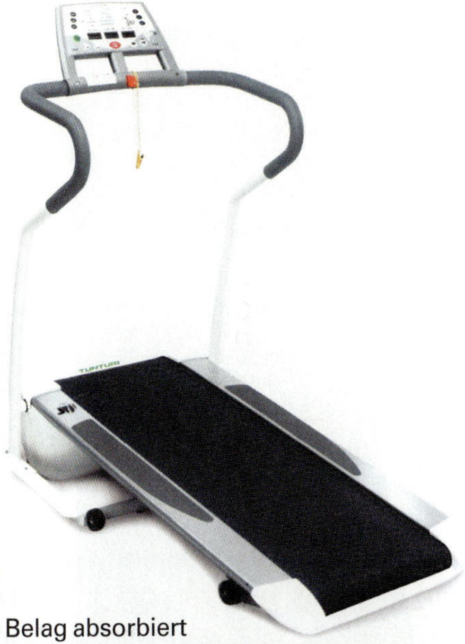

Das Laufband bietet durch die weltweit patentierte Lamellen-Technologie einen unübertroffenen Laufkomfort. Durch die Präzisionsrollenlager wird ein Heißlaufen des Bandes auch bei größter Beanspruchung verhindert. Der weichelastische Belag absorbiert 90 % der Aufprallenergie. So werden die bekannten Überbelastungsreaktionen in den Gelenken sowie in der Lendenwirbelsäule und Hüftgegend verhindert. Zu den Sicherheitseinrichtungen gehören u.a. das stabile Geländer sowie die Notstopp-Einrichtung.

Die Endlosleiter

Die Leiter ist eines der bewährtesten Übungsmittel und wurde bereits zu Anfang des Jahrhunderts in den Übungsstrecken der Bergleute und Feuerwehren eingesetzt.

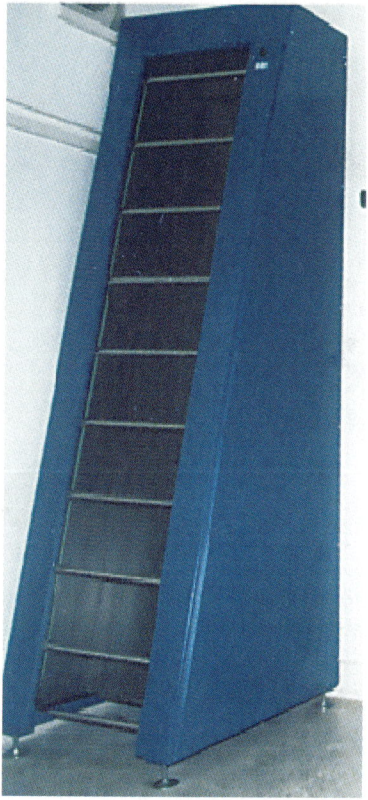

Die Endlosleiter knüpft an diese Tradition an, mit diesem Training, das sich dicht an der Realität orientiert. Dank ihrer Startstop Automatik und einem sanften Anlauf bleibt der Übende stets an der richtigen Stelle. Die Steiggeschwindigkeit lässt sich in einem Bereich von 3 bis 25 m/Min. ebenso stufenlos regulieren, wie die Höhe der zu steigenden Meter.

Aufgrund ihrer im Vergleich zu einer „normalen" Leiter äußerst kompakten Bauweise kann sie an fast jedem Ort installiert werden und bietet somit größtmögliche Raumökonomie. Ohne Neueinstellung des Zählwerks bzw. der Steiggeschwindigkeit können nacheinander mehrere Personen unter exakt gleichen Bedingungen üben.

Das Fahrrad

Das Gerät wird vielfach am Beginn der Atemschutz-Übung benutzt, um die augenblickliche Kondition des Übenden zu beurteilen. Das Gehäuse ist aus Polyurethan, schlag- und stoßfester Integral-Hartschaum. Der Tragrahmen ist aus einer Schweiß-Konstruktion, geräuscharmer Pedalantrieb mit nachgeschalteter Kette und Zahnriemen. Das Gerät verfügt über vier programmierbare Trainingsprogramme sowie über ein Automatikprogramm mit pulsfrequenzgesteuerter Leistungsregulierung. Außerdem kann jeder Zeit manuell das Leistungsprogramm mit den Tasten -/+ verändert werden. Somit ist ein optimales Herz-Kreislauf-Training möglich.

Für eine optimale Aufwärmung sorgen 4 fest programmierte „Feuerwehrprogramme", die eine gleichbleibende Überwachung garantieren.

Der Stepper

Die genaue Pulsmessung und die stabile Konstruktion erlauben eine sehr starke und dauerhafte Belastung des Probandten. Der Stepper ist speziell für den professionellen Einsatz entwickelt worden.

Durch das komfortable Dateneingabesystem, mittels programmierbarer Scheckkarten, entfällt die zeitraubende Neueingabe der Daten vor jeder Benutzung.

Der Computer verarbeitet den ständig gemessenen Pulsschlag und passt die Belastung dem vorab eingestellten Trainingspuls an.

Fünf Trainingsprogramme stehen zur Auswahl: Zielpuls-Training, Intervall-Training, Bergprofil-Training (8 Varianten), Programmierbares Training (2 Varianten) und Manuelles Training.

LCD - Display informiert digital und graphisch über den aktuellen Leistungsstand.

Die Rohranlage

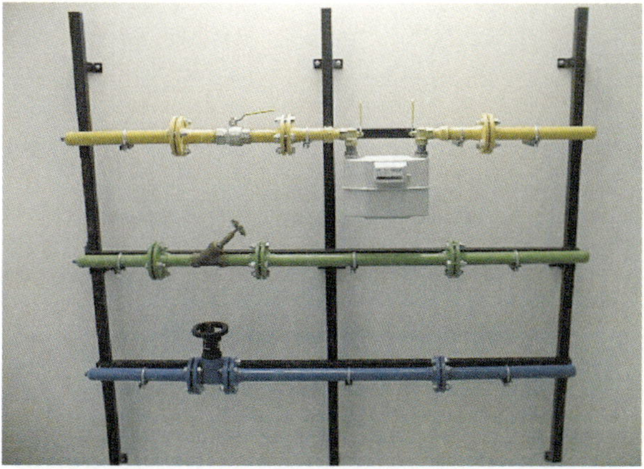

Die Rohranlage erlaubt das Arbeiten an Gas-, Wasser- oder ähnlichen Leitungen intensiv zu üben. Die Möglichkeit die Anlage mit Druckluft zu Befüllen läßt eine realitätsnahe und dennoch sichere Vorgehensweise zu, da jede undichte Stelle sofort bemerkt wird. Durch die bewährte Systembauweise ist die Anpassung der Anlage an individuelle Bedürfnisse möglich.

Die Rohre sind mittels Schellen sehr stabil an dem Haltegerüst befestigt.

NOTIZEN:

NOTIZEN:

NOTIZEN:

18. Physische und psychische Belastung während und nach dem Einsatz

Stressbekämpfung bei Einsatzkräften der Feuerwehr ist nicht weit verbreitet. Gerade aus diesem Grunde haben sich die Autoren intensiv mit diesem Thema befasst. Auch ein Motivationsgrund um dieses Thema zu behandeln ist, das gerade Atemschutzgeräteträger extremen physischen Belastungen ausgesetzt sind und je nach Schadenslage auch psychischen Belastungen. Stell dir vor lieber Leser, du sollst unter Atemschutz in einer verrauchten und dunkeln Wohnung nach einem vermissten Kind suchen. Eventuell ist dieses Kind dir sogar noch persönlich bekannt und die auch dir bekannten Eltern stehen vor dem Haus und haben noch vor wenigen Minuten Dir in die Augen gesehen. Du findest das Kind nicht zeitnah und dein Truppmann ist emotional sehr aufgebracht, dein Gruppenführer fragt ständig über Funk nach und du spürst nicht nur die körperliche Belastung sondern auch den großen Druck, **„du musst das Kind finden"!**

Obwohl zwischen der physischen (körperlichen), psychischen (seelischen) und kognitiven (geistigen) Belastungen zu unterscheiden ist, wird von einem seelisch-körperlichen Wirkungszusammenhang ausgegangen und dem gemäß von psychophysischen Belastungen gesprochen.

Einsatzspezifisch kann in **Aufgabenbelastungen** und in **Umgebungsbelastungen** unterschieden werden. **Aufgabenbelastungen** sind z. B. das Tragen von Ausrüstung, Pressluftatemschutzgeräten, Vollschutzanzügen, das Steigen, Klettern, Abseilen, Kriechen, Menschenretten, Gefahren bekämpfen, lebensrettende Maßnahmen ergreifen, aber auch Personen suchen im Gebäude unter PA, Orientieren und Wege finden in verrauchten oder dunklen Räumen, Drehleitern bedienen, Einsatzfahrten durchführen, Reanimieren, usw.

Umgebungsbelastungen sind z. B. Hitze, Rauch, Lärm, Sichteinschränkungen unter der Atemschutzmaske, Chemikalien, Dämpfe, Wasser, giftige und explosive Stoffe.

Die einzelnen Belastungsfaktoren können sich im Einsatz häufen, so dass auf eine Einsatzkraft möglicherweise Kombinationen von mehreren Belastungsfaktoren zukommen. Belastend wirkt auch der Anblick von Menschen in Not, z. B. am Fenster einer brennenden Wohnung, das Retten von schwer Verletzten oder die Bergung von Toten die zum Teil verstümmelt sind.

Die Einsatzkräfte haben den Umgang mit den auftretenden Belastungen in der Regel gelernt und optimiert. Dennoch, hier gibt es noch viel zu tun. Betrachtet man sich die Studien aus den USA, wird STRESS mit 40% als Haupt-Todesursache bei Feuerwehrangehörigen angegeben. Außerdem wird allgemein festgestellt, dass die Lebenserwartungen der Feuerwehrangehörigen stressbedingt zehn Jahre verkürzt sein soll. Hierbei handelt es sich um Studien über Berufsfeuerwehrleute!

STRESS entsteht durch zu viele oder zu wenige Informationen, durch emotionale Belastungen und durch die Anhäufung vieler kleiner Belastungen.

Was ist denn Einsatzstress überhaupt?

Zu unterscheiden ist der Eustress und der Distress. Der Eustress wirkt leistungssteigernd. Er geht einher mit einem Anstieg der Herzfrequenz, des Blutdruckes, der Atmungsfrequenz sowie starken Schwitzen. Die Grundstimmung ist gut, Aufgaben werden als Herausforderung gesehen und in diesem Zustand auch gut gemeistert. Bewertungen nach dem Einsatz lauten dann meisten: „Das lief wie am Schnürchen", „heute waren wir wieder gut",„wir helfen gern, wir sind die besten Firefighter", usw. Vollkommen anders wirkt sich der Distress aus. Er reduziert die Einsatzleistungen, Fehler häufen sich. Das können Handlungsfehler sein, Wahrnehmungs-, Bewertungs- oder Entscheidungsfehler. Eine gedrückte Grundstimmung breitet sich aus. Nichts läuft mehr, der Distress hat auch oftmals eine demoralisierende Wirkung. Wirkt sich der Distress über eine längere Zeit aus, kann er chronisch werden und so die Arbeitsleistungen dauerhaft reduzieren und Krankheiten auslösen. Der Übergang vom Eustress zum Distress ist nicht scharf abzugrenzen.

Kann sich ein Atemschutzgeräteträger auf Einsatzstress vorbereiten? Ja, er kann und sollte es auch tun!

Posttraumatische Belastungsstörungen

Einsätze können sehr dramatisch werden, dazu gehört auch eine Menschenrettung unter PA im Innenangriff. Das gilt für die zu rettenden Menschen, aber auch für den Feuerwehrangehörigen. In letzter Zeit wird daher viel über traumatische Erlebnisse berichtet und diskutiert. Einsatzkräfte der Feuerwehr, Polizei und der Rettungsdienste sind mehr oder weniger potentielle Opfer der

Traumatisierung. Jedenfalls wird nach Einsätzen die Gefahr der Traumatisierung der Einsatzkräfte lebhaft diskutiert. Worum geht es eigentlich? Nach Einsätzen gibt es Einsatzkräfte, die die Gedanken an schlimme Erlebnisse und an fürchterliche Ereignisse nicht mehr los werden. So wird immer wieder an das verbrannte Kinde gedacht. Die abgerissenen Gliedmaßen wollen nicht mehr aus dem Kopf und die blutüberströmten, schreienden Menschen sind immer wieder in den eigenen Vorstellungen. Viele Einsatzkräfte werden im Laufe von Tagen oder Wochen mit dem Erlebten gut fertig, die Ereignisse werden psychisch kontrollfähig. Bei anderen Personen kommen in Alpträumen die Erlebnisse immer wieder hoch. Dieses unvermindert heftig, s. g. Flashbacks als ständig wiederkehrende Bilder des erlebten Grauens tauchen unvermittelt vor den Augen der Betroffenen auf.

Hier wird den betroffenen Feuerwehrkameraden dringend geraten Hilfe über die Feuerwehrführung, Ärzte oder die s. g. Notfallseelsorge zu suchen. In den meisten Wehren wird nach schrecklichen Schadensereignissen grundsätzlich „zeitnah" an Gesprächsabenden die Möglichkeit gegeben, die Erlebnisse zu besprechen und solche Themen zu klären.

Empfehlungen für die Ausbildung

In dem Kapitel „Ausbildung" wird über die technische und körperliche Ausbildung gesprochen. Hier sind die Absichten und Ziel im Sinne der psychischen (seelischen) und kognitiven (geistigen) Belastungen gemeint, da es einen Wirkungszusammenhang zwischen dem seelisch-körperlichen gibt.

Es ist zwischen Stress-Prävention und Stress-Management zu unterscheiden. Stress-Management ist dann üblich, wenn der Stress schon eingesetzt hat und seine Wirkung zeigt. Stress-Prävention steht dagegen für Vermeiden von Stress. Im Management wird nur der Notfall gehandhabt und Schadens-Begrenzung vorgenommen.

Was ist zu tun? Die Atemschutzgeräteträger müssen im Rahmen der Ausbildung aber auch im Rahmen der Übungen nicht nur physisch (körperlich), psychisch (seelisch) sondern auch kognitiv (geistig) belastet werden. Physische Belastungen siehe das Kapitel Training/ Ausbildung für aktive Feuerwehrangehörige.

Im Bereich psychische und kognitive Belastungen müssen die Belastungen in der Ausbildung höher liegen als die Belastungen, die im Einsatz zu erwarten sind. Zum Beispiel wird in den Atemschutzübungsanlagen nicht nur die physische Belastung durch ein Arbeitprogramm vorgegeben, sondern auch die psychischen Belastungen werden gesteigert durch Situationen wie starke Geräuschkulisse mit Notsignalen und Hilfeschreie, Dunkelheit, Zeitfaktor, usw. Die kognitiven Belastungen kann man steigern durch erhöhten Sprechfunkverkehr, durch ständiges Abfragen der Einsatzzeiten die den Geräteträger dazu zwingt, nicht nur seine Tätigkeit auszuführen sondern auch „mit dem Kopf dabei zu sein", usw. Grundsätzlich unterliegt die Ausbildung der Einsatzkräfte auch in diesem Bereich folgenden Prinzipien:

1. Die **Ausbildungsziele** haben sich auf die möglichen **Einsatz-Szenarien** auszurichten.
2. Die **Lernprozesse** sind so zu gestalten, dass die zu lernenden Muster **stressresistent** gespeichert werden und ohne Zeitverzug auch unter hohen Beanspruchungen noch abrufbar sind.

3. Sämtlichen gelernten **Muster sind zu optimieren.** Sie müssen dem gemäß unter hohen Beanspruchungen noch weitgehend fehlerfrei anwendbar sein.
4. **Wahrnehmungs-, Denk- und Handlungsmuster** müssen lagebezogen und ohne viel Aufwand **zur Verfügung stehen.**

Grundsätzlich ist das Lernen nach dem Muster Versuch und Irrtum bei der Ausbildung der Einsatzkräften zu unterlassen!

Sprache im Einsatz unter Pressluftatemschutzgeräte

Unsere Sprache ist ein wichtiges Kommunikationsmittel. Von der Alarmierung der Einsatzkräfte, dem Einsatzbefehl vor Ort, Sprechfunkverbindung und auch innerhalb des Trupp´s unter PA, ohne Sprache läuft nichts. Daher ist es sehr wichtig, dass die Kommunikation zweckorientiert, klar und einfach ist. Es darf nicht zur Überbelastung der Betriebskanäle (technisch) oder zur Überbelastung der Info. für den Geräteträger kommen.

Grundsätze für unsere GEMEINSAME Sprache unter PA:

1. Sätze dürfen die Gegenwartsdauer von fünf Sekunden nicht überschreiten.
2. Bei starker Beanspruchung der Einsatzkräfte dürfen die Sätze nicht länger als drei Sekunden sein.
3. Zwischen den Sätzen ist eine Sprechpause von zwei Sekunden einzuhalten.
4. Eine einwandfrei Wiederholung der Mitteilung garantiert nicht, daß die Mitteilung auch behalten

und umgesetzt wird. Dazu muß nochmals eine Wiederholung nach etwas 20 Sekunden erfolgen, wenn man das Gefühl hat, der Sachverhalt ist nicht klar.

5. Verb und Objekt müssen bei Mitteilungen, die Maßnahmen bzw. Aktionen verlangen, nahe beieinander liegen.
6. Die benutzten Begriffe müssen frei von Affektladungen sein, d.h. sie dürfen die angesprochenen Einsatzkraft nicht aversiv stimulieren.
7. Die Sprache sollte auch bei ärgerlichen Ereignissen in jedem Fall aggressionsfrei sein.
8. In vermuteten kritischen Lagen sollte zuerst angefragt werden, ob eine Aufnahmebereitschaft im Sinne der „Wahrnehmbarkeit" besteht. Ist dies **nicht** der Fall, **muss sofort** der Rettungstrupp eingesetzt werden.
9. Grundsätzlich ist ein **Notfall Einsatzstichwort** für die mögliche kritische Lage festzulegen, diese geht dann immer über den 2-Meter Kanal und hat zur Folge, das nur noch die Einsatzleitung/Atemschutzüberwachung mit dem in Not geratenen Trupp spricht! D. h. der Rettungstrupp wird über diesen Kanal koordiniert und nimmt auch Verbindung mit dem in Not geratenen Trupp auf.

Seelische Belastungen und Stress

Einsatzkräfte im Feuerwehrdienst sind den unterschiedlichsten psychischen Belastungen ausgesetzt:

Unbekannte, ständig wechselnde Situationen Ungewissheit

Oft sind Einsatzmeldungen extrem lückenhaft. Dieses Informationsdefizit erzeugt Ungewißheit und Stress.

Zeitdruck
Einsätze zu jeder Zeit
Feuerwehrleute sind nie vor einem Alarm sicher.

Kraftbedarf
Psychische Belastung
Die Einsatzkräfte wollen und sollen helfen. Auch diese Erwartung setzen sie unter Druck.

Verantwortungsdruck
Unsicherheit
Einsatzkräfte müssen viele Fachgebiete beherrschen. Durch fehlende oder wieder vergessene Fähigkeiten entsteht im Einsatz Unsicherheit.

Arbeiten in der Öffentlichkeit
Es gibt nur wenige Tätigkeiten, die ähnlich öffentlich ausgeübt werden. Hinzu kommt, dass die Zuschauer (und künftigen Beschwerdeführer) oft selber unter psychischer Anspannung stehen und die Realität oft verzerrt wahrnehmen.

Infektionen
Spätestens seit dem Auftauchen von AIDS ist jedem deutlich geworden, dass auch die einfachen Handgriffe der Ersten Hilfe für die Helfenden problematisch sein können.

Witterungseinflüsse
Jede Erschwerung des Einsatzes durch Dunkelheit, schwieriges Gelände oder schlechtes Wetter bedeutet eine zusätzliche psychische Belastung.

Gefahren an der Einsatzstelle
(4 A, 1 C, 4 E)

Besonders belastende Einsätze

Besonders belastend sind in jedem Fall:

- Einsätze mit verletzten Kindern,
- Einsätze, in denen die Einsatzkräfte besonders (evtl. besonders lange) mit dem Leid der Geschädigten konfrontiert werden,
- Einsätze, bei denen eigene Mängel die Hilfe behindern.

Bestimmte Einsätze, belasten Einzelne besonders:

- wenn Verwandte oder Freunde geschädigt wurden,
- wenn in einer ähnlichen Situation schon einmal schlechte Erfahrungen gemacht wurden,
- wenn zu viele psychische Belastungen aus dem Privatleben mitgebracht werden.

Generell:

Seelische Belastungen werden individuell sehr unterschiedlich empfunden. Diese Wahrnehmung ist abhängig von der allgemeinen Veranlagung, der momentanen Verfassung und einer möglichen speziellen Beteiligung (siehe besondere Belastungen für einzelne).

Es wurde herausgefunden, dass hauptamtliche Einsatzkräfte psychische Belastungen am stärksten in den ersten 5 Dienstjahren wahrnehmen, dann ca. 5 Jahre weniger stark, in höheren Dienstjahren wieder vermehrt. Bei ehrenamtlichen Einsatzkräften dürfte es eine ähnliche Verteilung geben.

Positiv besetzte Belastungen (z.B. Zeitdruck während eines Fußballspiels) werden wesentlich besser und schneller verarbeitet, als negativ empfundene Belastungen (z.B. Zeitdruck während eines Feuerwehreinsatzes).

Die Reaktion auf solche Belastungen wird zusammenfassend als ***Stress*** bezeichnet.

Stress entsteht durch ein Über- oder Unterangebot von Informationen, die verarbeitet werden müssen, durch gefühlsmäßige Überlastung und durch die Ansammlung vieler kleinerer Belastungen.

Stress können wir – außer an den Belastungen – vor allem an typischen „Stresssymptomen" erkennen, die Einsatzkräfte im Einsatz oder danach zeigen. Solche Stresssymptome sind unter anderem:

Schwitzen, Übelkeit, Herzrasen, starke Erschöpfungszustände, Schlafstörungen, Alpträume, geringe Konzentrationsfähigkeit, gedenkliche Rückblenden, Schuldgefühle, Unfähigkeit, Freude und Anteilnahme zu empfinden, Rückzug aus sozialen Beziehungen, verändertes Ess-, Trink- und Rauchverhalten, übertriebene Lustigkeit, extreme Schweigsamkeit, Unausgeglichenheit.

Im Einsatz bewirkt ein mäßiger Stress (Eustress), dass die Einsatzkräfte besser und effizienter arbeiten, als sonst. Ein übermäßiger Stress (Distress) bewirkt, daß die Effizienz abnimmt und die Fehlerrate deutlich ansteigt. Extremer Stress kann bis hin zur völligen Aktions- und Reaktionsunfähigkeit führen.

Nach einem Einsatz verschwinden die Stressreaktionen meistens sofort oder nach einigen Tagen, wenn die Einsatzkräfte Gelegenheit haben, den Stress abzubauen.

Mehrere kleine Stresserlebnisse, die kurz nacheinander erlebt werden, addieren sich in ihrer Wirkung.

Wenn die Stressreaktionen länger anhalten, sollte professionelle Hilfe in Anspruch genommen werden.

Einige Ergebnisse aus Umfragen im Rettungsdienst:

54,8 % kann nach Dienstende nicht abschalten
Gefahr: Belastung des persönlichen Umfelds

58,3 % empfinden Abneigung gegen den Patienten
Gefahr: Dehumanisierung der Patienten (Vorfeld des Ausbrennens)

62,3 % machen bissige, spöttische Bemerkungen
Entlastung oder Hilflosigkeit? / Entwicklung eigener Sprache

71,2 % schalten bei Notfällen gefühlsmäßig ab
Gefahr: unangemessenes, gefühlloses Verhalten

60,7 % glauben, in Todesangst schwebenden Patienten nicht genug beistehen zu können,

98 % wünschen sich, besser mit Patienten umgehen zu können

96,8 % wünschen sich, gelegentlich **mit einer erfahrenen Person sprechen** zu können.

Es besteht ein erhebliches Interesse daran, **Abbaumöglichkeiten von Stress** zu lernen.

Feuerwehrangehörige entwickeln mit zunehmender Lebens- und Einsatzerfahrung Methoden, wie sie mit den psychischen Belastungen umgehen können. Dennoch ist es sinnvoll, diese Belastungen wahrzunehmen und ihnen aktiv entgegenzuarbeiten.

Stressbekämpfung und psychische Begleitung der Einsatzkräfte

Ziele:

die Belastungen der Einsatzkräfte vermindern
die psychische Belastbarkeit erhöhen
Hilfe für die Verarbeitung anbieten.

in
Vorbereitung
Einsatz
Nachbereitung

Vorbereitung

persönliche Vorbereitung
Denke über dein Leben nach und nutze deine Zeit richtig, finde Prioritäten, versuche deine Kraft sinnvoll einzuteilen. Vermindere Konkurrenzdenken und Aggressivität. Gönn dir und anderen regelmäßig Pausen. Lerne eine Entspannungstechnik. Reduziere den Einsatzstress durch gedankliche Vorbereitung.

Versuche, strukturellen Stress (Nachtschichten, schlechtes Arbeitsklima, schlechte Ausrüstung) abzubauen oder zu beherrschen, beobachte deinen beruflichen und privaten Lebensstil, treibe Sport, iss vernünftig.

Soziales Umfeld
Für eine optimale Leistung benötigen Einsatzkräfte die Unterstützung ihrer **Organisation** und ihrer **Familien.** Deshalb ist es wichtig, ein gutes Betriebsklima zu schaffen und die Familien mit einzubeziehen; z.B. indem das Familienleben möglichst wenig gestört wird und durch gemeinsame Veranstaltungen. Bei familiären oder

beruflichen Problemen sollte vorsichtig Hilfe angeboten werden. Die Einsatzkräfte sollen immer wieder erfahren, dass auch diese Bereiche ihres Lebens ernst genommen werden.

Technik, Taktik, Schulung

Durch **Vorbereitung** und **Standardisierung** können Einsätze planvoller und ruhiger ablaufen. (z.B. die Einteilung in Trupps mit fest definierten Aufgaben entlastet den Einsatzführer und die Einsatzkräfte.)

Gute **Fortbildung** verhindert fachliche Unsicherheit. Der Erfolg der Fortbildung sollte überprüft werden. Das hilft, die vorhandenen Fähigkeiten realistisch einzuschätzen.

Einsatz

Korrekte Informationen und **ruhige, konkrete und genaue Einsatzaufträge** tragen zur Stressbekämpfung bei.

Abschnittsbildung macht die Lage überschaubar und entlastet den Einsatzleiter.

Gute **Kommunikationstechnik** ermöglicht Nachfragen und Verstärkungsanforderungen.

Ausgereifte und ergonomisch richtige Technik schont körperliche und geistige Reserven.

Ein höchstmöglicher **Sicherheitsstandard** beruhigt die Einsatzkräfte.

Trupps und Gruppen sollten so aufgestellt werden, dass **individuelle Schwächen** ausgeglichen werden.

Rettungstrupps und spezielle Einsatzkräfte (z.B. Fachberater) sollten voralarmiert und einsatzbereit sein.

Belastungen durch **schlechtes Wetter, schwieriges Gelände und Dunkelheit** können nicht vermieden, aber gemildert werden. Neben sinnvoller Ausrüstung hilft hier eine gute Versorgung. Ein Einsatz in Kälte und Dunkelheit wird besser laufen, wenn die Einsatzkräfte wissen, dass eine heiße Suppe und ein freundliches Gespräch auf sie warten.

Es gibt Methoden, Stress schon im Einsatz entgegenzuwirken. Eine besteht darin, sich selber Anweisungen zu geben. z.B.: „Anhalten, durchatmen!" Das Anhalten hilft, die Situation neu zu überdenken; das bewusste Durchatmen beruhigt Atmung und Puls. Ähnlich wirken positive Selbstgespräche, mit denen man sich selber Ruhe zusprechen kann. z.B. „Ich kann das, ich habe einen ähnlichen Einsatz schon einmal bewältigt. Ich bin gut."

Auch bestimmte Atemtechniken können im Einsatz hilfreich sein. z.B.: Einatmen, Luft 5 sec. anhalten, Ausatmen.

Eine Möglichkeit zum bewussten Entspannen besteht darin, alle Muskeln auf einmal anzuspannen und nach 2 sec. wieder zu lösen.

Jeder Einsatz sollte nachbesprochen werden, damit Probleme festgehalten und beseitigt werden können. Unsicherheiten werden nur dann Probleme, wenn Einsatzkräfte Angst haben sie auszusprechen, weil sie verspottet werden.

Nachbereitung

Negative Reaktionen nach besonders belastenden Einsätzen können verhindert oder gemildert werden, wenn daran gearbeitet wird, die Belastungen wieder abzubauen.

Eine gute Möglichkeit ist das **Gespräch mit dem eigenen Ehepartner,** denn dieser ist der Mensch, der einen am besten kennt.

Sehr hilfreich kann das **Gruppengespräch** sein, das regelmäßig in Form einer Supervision oder einer Balintgruppe durchgeführt werden sollte. Solche Gespräche sind in vielen sozialen Berufen Standard.

Regelmäßiges Gruppen-Feedback
Das Gespräch bietet Gelegenheit, Gefühle und Gedanken zu äußern und einander mitzuteilen. Grundregeln: 1) vertraulich. 2) freiwillig.

Auch **Einzelgespräche** mit professionellen Gesprächspartnern können hilfreich sein.

Daneben gibt es **indviduelle Aufarbeitungsmöglichkeiten,** z.B. Entspannungstechniken, Tagebuch-Schreiben und entspannende Hobbies.

Seelsorgerliche Gespräche, Beichte und Gebet können gläubigen Menschen helfen.

Grundsätzlich ist es hilfreich, wenn man sich nach belastenden Einsätzen selber Gutes tut.

Mögliche Partner
Im Bereich der Feuerwehr und der anderen Rettungsorganisationen kennen wir professionelle Hilfe bei der Bearbeitung seelischer Belastungen bisher kaum. Es wird vorausgesetzt, dass die Einsatzkräfte mit ihren Problemen selber klarkommen. Dieses funktioniert oft nicht. Deshalb sollte eine Zusammenarbeit mit Fachkräften angestrebt werden.

Diese Zusammenarbeit ist für viele ein neuer und ungewohnter Gedanke. Seelsorger und Psychologen haben jedoch spezielle Ausbildungen, die auch den Feuerwehrleuten helfen können.

Besonders belastende Einsätze sind im Allgemeinen:

Einsätze mit verletzten Kindern,

Einsätze, in denen die Einsatzkräfte besonders mit dem Leid der Geschädigten konfrontiert werden, bzw. besonders lange. (Brandleichenbergung, VU mit Todesfolge, Person kann nicht kurzfristig befreit werden)

Brand in einem Bordell in Limburg/Lahn.
Nicht nur die Belastung hier erfolgreich und qualifiziert einen Brand zu bekämpfen liegt als **Last** auf dem Atemschutzgeräteträger, das **Feuer** als ungezähmtes und gefährliches Element wartet auf den Feuerwehrangehörigen, außerdem **droht** eine Person gleichzeitig aus dem Fenster zu springen.

Einsätze, bei denen eigene Mängel die Hilfe behindern.

Besonders belastende Einsätze sind für einzelne Personen:

Verwandte oder Freunde werden geschädigt

Schlechte Erfahrungen in ähnlichen Einsätzen

Zu viele psychische Belastungen im Privatleben

Akute Stressreaktionen

A) Körperliche Reaktionen

Schwitzen

Übelkeit

Zittern

Herzrasen

nervöser Magen

unkoordinierte Bewegungen

Muskelverkrampfungen

starke Erschöpfungszustände

Schlafstörungen

B) Gedankliche Reaktionen

Rückblenden (Zwangserinnerungen)

geringe Konzentrationsfähigkeit

vermindertes Erinnerungsvermögen

Alpträume

Schuldzuweisungen

C) Emotionale Reaktionen

- Schuldgefühle
- Traurigkeit
- depressive Verstimmung
- Hoffnungslosigkeit
- Besorgnis
- Unfähigkeit, Freude und Anteilnahme zu empfinden
- Erwartungsangst (Angst vor Strafe)
- Furcht

D) Verhaltensreaktionen

- Rückzug aus sozialen Beziehungen
- wachsendes Misstrauen
- verändertes Ess-, Trink- und Rauchverhalten
- übermäßige Wachsamkeit
- übertriebene Lustigkeit
- extreme Schweigsamkeit
- Überempfindlichkeit
- schnelles Aufbrausen

Stress und Leistungsfähigkeit

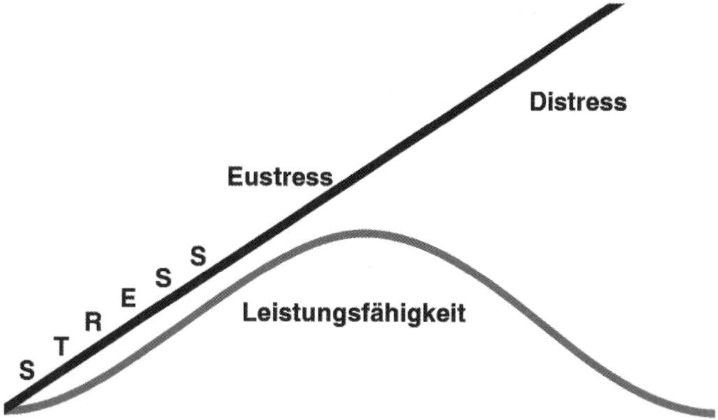

Stressbekämpfung
und psychische Begleitung der Einsatzkräfte

Ziele:

- Belastung der Einsatzkräfte vermindern
- psychische Belastbarkeit erhöhen
- Hilfe für die Verarbeitung anbieten

in:

- Vorbereitung
- Einsatz
- Nachbereitung

Vorbereitung

Prioritäten finden

Entspannungstechnik lernen

durch gedankliche Vorarbeit Einsatz vorbereiten

strukturellen Stress abbauen oder beherrschen

beruflichen und privaten Lebensstil beobachten

Sport treiben

vernünftig essen

Soziales Umfeld einbeziehen und stärken

Technik

Taktik

Schulung

Einsatz

Korrekte Informationen

ruhige, konkrete und genaue Einsatzaufträge

höchstmöglicher Sicherheitsstandard

Abschnittsbildung

gute Kommunikationstechnik

individuelle Schwächen ausgleichen

Rettungstrupps und Hilfskräfte bereitstellen

gute Versorgung

Methoden zur Stressbekämpfung anwenden

Nachbereitung

Belastung wahrnehmen und gezielt bearbeiten

Einsatznachbesprechung

Einzel-Gespräche

Gruppen-Gespräche

indviduelle Aufarbeitungsmöglichkeiten

religiöse Wege

sich selbst Gutes tun

fachlich kompetente Partner einbeziehen

Belastungsfaktor	Interventionsmöglichkeit
• Wahrnehmung des Notfallgeschehens	• Abschirmung vom Notfallgeschehen • Bedecken von Verletzungen • Kommunikation auf gleicher Ebene
• Unsicherheit	• Anwesenheit von Bezugspersonen • Verlässliche Nähe anderer Helfer • Gemeinschaft mit anderen Kindern • Unterbringung an einem sicheren Ort • Sicherstellung physiologischer Grundbedürfnisse
• Informationsbedürfnis	• Kindgerechte Vermittlung von Informationen • Ehrliche Antworten auf gestellte Fragen
• Verminderung der verbalen Ausdrucksfähigkeit	• Schaffung alternativer Ausdrucksmöglichkeiten
• Angst	• Behutsame Ablenkungsversuche • Einbezug von Kindern in die Hilfeleistung • Anregung zum Spiel • Hilfeleistung durch Teddybären
• Schuldgefühle	• Unbegründete Schuld verneinen • Realistische Erklärungen anbieten
• Zunehmende Erregung	• Langsam agieren und sprechen • Jede Hektik im Umfeld vermeiden • Warme, gezuckerte Getränke verabreichen
• Verminderte Fähigkeit zur zielgerichteten Informationsverarbeitung	• Kinder ernst nehmen • Vorschläge und Anregungen von Kindern aufgreifen und nach Möglichkeit umsetzen
• Überforderung, Handlungsunfähigkeit, Hilflosigkeit, Kontrollverlust	• Delegation einfacher Aufgaben an Kinder • Gemeinsame Aktivität von Kindern anregen • Entscheidungsfreiheit lassen und zu deren Nutzung ermutigen

NOTIZEN:

Einsatzgefahren und ihre Auswirkungen

Von Professor
Dr. med. Peter Sefrin,
Bundesfeuerwehrarzt

Mitarbeiter im Bereich der Feuerwehren kommen im Vergleich zu sonstigen Bürgern einsatzbedingt wesentlich häufiger in Gefahrensituationen. In derartigen Einsatzfällen kann es vorhersehbar zu Fehlverhalten kommen, das meist im Nachhinein von anderen (Außenstehenden) bemängelt wird. Gefahrensituationen sind oft mit einer persönlichen Bedrohung und einem erheblichen Risiko verbunden. Hierauf kann man sich zum eigenen Schutz vorbereiten. Zu trennen hiervon ist ein Panikverhalten, das sich auf eine spezielle Bedrohungssituation bezieht und in ein Verhalten einmündet, das ohne Selbst- und Fremdsteuerung abläuft. Der in Panik geratene Mensch unterliegt den Bedingungen überschießender psychophysischer Regulationsfunktionen und zeigt bei seiner Reaktionsweise eine Überreaktion.

Menschen, die in Gefahren- bzw. Bedrohungserkennung nicht geübt sind, können in akute Lebensgefahr geraten. Durch eine falsche Bewertung, z.B. der Wirkung von Kräften bei einem Verkehrsunfall oder der Ausbreitungsgeschwindigkeit, der Richtung und der Intensität eines

Giftstoffes werden nicht nur die Betroffenen, sondern auch die Helfer gefährdet. Aus diesem Grunde muss eine qualifizierte Ausbildung auch als Teil einer Gefahrenabwehr angesehen werden. Unabhängig von einer derartigen Vorbereitung für den Ernstfall besteht immer noch die Gefahr, dass es in der konkreten Einsatzsituation durch Verkennung der Situation, mangelnde Routine und psychische Erregung zu Fehlentscheidungen kommen kann. Unter extremen Belastungen und außergewöhnlichen Situationen können sich immer fehlerhafte Aktionen und Entscheidungen ergeben.

Um derartige Fehler trotz entschuldbarer Umgebungsbedingungen zu vermeiden, bedarf es einer fundierten, nicht nur Aus- sondern vor allem Fortbildung, um die nötige Gefahrensensibilität zu entwickeln. Heldentum ist in diesen Situationen nicht gefragt. Vor dem Hintergrund der terroristischen Aktivitäten muss in Zukunft bei der Ausbildung über das störungsfreie Helfen hinaus auch an Bedrohungslagen gedacht werden. Während bisher z. B. das Löschen bei Feuerwehreinsätzen oder der Umgang mit chemischen Substanzen als feuerwehrtypische Aufgaben ganz im Vordergrund standen, kommen inzwischen unterschiedliche Bedrohungsprofile hinzu (Rettungsbehinderung durch Demonstranten, Gewalttäter u.a.). Derartige Rettungseinsätze führen zur Verunsicherung bis hin zur Hilflosigkeit der Einsatzkräfte.

Das Negieren oder Verdrängen einer möglichen Bedrohung im Einsatz führt im Sinne einer Beruhigung der Einsatzkräfte nicht zum Ziel. Der für eine Gefahrenerkennung nicht sensibilisierte Helfer lernt die Risiken, Gefahren und Bedrohungen nur dann kennen, wenn er sich vorher damit beschäftigt und mental im voraus Bewältigungsstrategien entwickelt hat.

Die Aus- und Fortbildung sollte deshalb auf eine Gefahrensensibilität hinwirken, die dafür sorgt, dass Gefahren rechtzeitig erkannt werden. Hierzu ist die Kombination von Wissen über Gefahren und Erfahrungen im Umgang mit Gefahren notwendig. Das Problem unserer heutigen Umwelt besteht in der Tatsache, dass es sich bei den Einsätzen nicht nur um einfach strukturierte Risikofaktoren handelt, sondern um komplexe Gefahrenlagen mit wechselnden Prioritäten, was seine Auswirkungen auf das Abwehrverhalten hat. Wenn die Gefahren bzw. Bedrohungen erkannt werden und entsprechende Verhaltensmuster voraus erarbeitet wurden, wird der natürliche Fluchtreflex, der z.B. Anlass für ein Fehlverhalten sein kann, überwunden werden und es resultiert ein zielgerechtes Verhalten. Die Entwicklung von zielgerichteten Abwehrmaßnahmen ist umso ausgeprägter, je größer die Information über eine akute Gefahrenlage ist.

Das Ziel von zukünftigen Ausbildungsvorhaben sollte neben der fachlichen Stoffvermittlung der Mensch mit seinen Verhaltensbesonderheiten sein, nachdem trotz straffer Führungsstrukturen seine persönliche Verarbeitung einer belastenden Situation seine Reaktionen bestimmen wird.

Siehe dazu D. Ungerer, U. Morgenroth – Analyse des menschlichen Fehlverhaltens in Gefahrensituationen – Empfehlungen für die Ausbildung; Band 43 Schriftenreihe der Schutzkommission beim Bundesminister des Inneren, herausgegeben vom Bundesverwaltungsamt.

NOTIZEN:

19. Erstmaßnahmen bei einer Rauchgasvergiftung

Bei Bränden wird die Gefahr einer Verletzung durch Feuer meist ernst genommen, jedoch wird die Möglichkeit einer Rauch- bzw. Reizgasvergiftung häufig noch unterschätzt und führt dann zu sehr schwerwiegenden Komplikationen. Gefördert wird dieses Unterschätzen durch die Tatsache, dass oft erst nach einigen Stunden, in Einzelfällen bis zu 36 Stunden nach der Inhalation, ein Lungenödem auftritt. An ein Inhalationstrauma sollte man auf alle Fälle denken, wenn folgende Situationen vorliegen:

- Brand mit großer Rauchentwicklung in einem geschlossenen Raum,
- Bewusstseinsgetrübter oder bewusstloser Patient,
- Verbrennungen des Halses und des Gesichtes – vor allem von Mund und Nase,
- Zeichen von Schleimhautverbrennungen im Mund- und Rachenraum.

Unspezifische Symptome wie Husten, „rauer Hals" oder Schwindel sollte man nicht bagatellisieren, sondern den Patienten sofort einer Behandlung zuführen. Zunehmende Atemnot, Stridor oder das Abhusten von Rauchpartikeln sind bereits Zeichen einer schweren bzw. fortgeschrittenen Schädigung des Bronchialsystems und bedeuten eine vitale Bedrohung.
Bei den meisten Bränden liegt heutzutage eine Kombination von verschiedenen Giftgasen vor, welche die Atmung des Patienten an verschiedenen Stellen beeinträchtigen. Die klassische Rauchvergiftung, die Kohlenmonoxydvergiftung, besetzt mit einer 300-fach stärkeren

Bindung das Hämoglobin im Blut und verdrängt die Sauerstoffmoleküle.

Die CO-Vergiftung ist sehr tückisch, da sie gelegentlich neben den üblichen Symptomen – wie Kopfschmerzen, Schwindel, Augenflimmer und Übelkeit und auch als Rauschzustand mit psychischer Erregung und Verwirrtheit imponiert, der dann mit einer Alkoholvergiftung verwechselt werden kann. Andererseits erscheint bei längerer Exposition mit Kohlenmonoxyd die Haut „rosig", so dass sie vom Unerfahrenen als „gesunde Gesichtsfarbe" interpretiert wird.

Speziell bei Verbrennungen von Düngemitteln treten im Gemisch mit Kohlenmonoxyd Nitrosegase auf, die bei hoher Konzentration zu starkem Hustenreiz, Bluthusten sowie zur Ausbildung eines toxischen Lungenödems führen.

Durch Zersetzung von bestimmten Kunststoffen und chlorierten Kohlenwasserstoffen entsteht Phosgengas, das ebenso wie Nitrosegas und andere Reizgase zu einer Zerstörung der Bronchialschleimhaut und Schädigung der Lungenalveolenmembran führt, wodurch die Durchlässigkeit für Flüssigkeiten erhöht und somit die Sauerstoffaustauschfunktion massiv beeinträchtigt wird.

Bei Verbrennungen von Polyacrylnitrilen (Wolle, Seide, Nylon) und Polyurethanen (Matratzen, Teppiche, Autositze) entsteht die gefürchtete Blausäurevergiftung. Das Zyanid führt durch eine intrazelluläre Enzymblockade in der Atmungskette zur sogenannten inneren Erstickung, wobei der Sauerstofftransport intakt bleibt. Daher behält das Hämoglobin den Sauerstoff auch in venösem Blut, so dass diese Patienten oft eine frische Gesichtsfarbe aufweisen, die zunächst zum Unterschätzen der Gefahr führt. Durch Reizung der Schleimhäute kommt es zum Kratzen in Hals und Nase, zur Bindehautentzündung sowie zum Zungenbrennen. Ein Druckgefühl in der Stirngegend, Angst und Atemnot sind weitere Symptome. Unter Krämpfen und Pupillenerweiterung kommt es schließlich zum Atemstillstand.

Leitsymptom der Vergiftung ist der unverwechselbare Geruch von Bittermandeln in der Atemluft. Die Inhalation größerer Mengen Zyanid führt unmittelbar ohne Vorwarnzeichen zum Tode.

Checkliste für Helfer:

- Entfernen aus dem Gefahrenherd
- Sauerstoffgabe mit Maske
- Körperhochlagerung bei noch bewusstseinsklaren Patienten
- Dexamethason-Spray: Bei fehlenden Krankheitszeichen unmittelbar nach der Inhalation fünf Hübe und zehn Minuten später weitere fünf Hübe; bei Lungen-reizsymptomen bis zum Abklingen der Beschwerden alle zehn Minuten fünf Hübe
- Bei Inhalation von heißen Dämpfen oder Flüssigkeit mit starker Schwellung der Mund- und Rachenschleimhaut mit drohender Erstickung Epineohruin-Spray zwei Hübe, wobei die Inhalation nach zwei Minuten wiederholt werden kann.
- Bei Bewusstlosigkeit „stabile Seitenlagerung"

- Speziell bei Zyanidvergiftung ist dringend eine Oberflächendekontamination erforderlich. Die Kleider müssen entfernt (Handschuhe), die Haut mit dem Entgiftungsmittel Polyethylenglycol gereinigt und mit Wasser abgewaschen werden.
- **Vorsicht:** Bei Zyanidvergiftungen selbst bei Lebensgefahr keine Mund-zu-Mundbeatmung: Selbstvergiftung!

Literaturangabe: Artikel von Priv.-Doz. OA Dr. Med. Holger Rupprecht (Universitätsklinik Nürnberg-Erlangen, BRD)

NOTIZEN:

20. „Sünden" die begangen werden

Die hier aufgezeigten „Sünden" können das **Leben kosten** und sollen nur dokumentieren, wie zum Teil gearbeitet wird, bzw. was im Bereich „Atemschutzeinsatz" schon alles so gegeben hat.

Diese aufgeführten „Erlebnisse" sollen keinen Atemschutzgeräteträger und keine Feuerwehr bloßstellen. Wir wollen lediglich auf Fehler hinweisen, die bei Atemschutzeinsätzen tatsächlich gemacht worden sind. Grundsätzlich: Aus Fehlern lernt man, aber nur, wenn man darüber spricht und es korregiert !

Die große Industrietür im Gebäude ist zugefallen, Rauch vor und hinter der Tür, der drucklose Schlauch ist eingeklemmt lautete die Meldung über Sprechfunk.

Der „drucklose Schlauch" wurde von einem Trupp vorgenommen. Ganz klar ist im Bereich Einsatzgrundsätze beschrieben, dass ein Trupp bei einer Brandbekämpfung nur mit einem „druckführenden Schlauch" vorgeht. Die Tür ist zugefallen und der Schlauch rutscht nun beim Nachziehen unter diese Tür. Wenn Wasser auf den Schlauch gegeben wird, wird sich dieser Schlauch unter der Tür verkeilen, der Trupp wird kein Wasser am Strahlrohr haben und kann auch die Tür nicht mehr öffnen!

Ein Strahlrohr wird mit einem angekuppelten C-Schlauch als Türkeil eingesetzt!?!

Das Strahlrohr als „Türkeil" zu benutzen ist im Atemschutzeinsatz absolut nicht in Ordnung. Der Trupp begibt sich in große Gefahr, wenn er seinen Schlauch mit dem Strahlrohr an der Tür zurücklässt. Kommt der Trupp an die Brandstelle, hat er kein Löschmittel bei sich, er hat auch keine Orientierung für den Rückweg mehr und ein Strahlrohr ist auch keine ausreichende Sicherung gegen das Zufallen der Tür.

NOTIZEN:

21. Unfälle unter Atemschutz „Auszug"

Können Atemschutzunfälle bei den Feuerwehren verhindert werden? Eine 100%ige Sicherheit wird es bei der Feuerwehr nie geben, schon recht nicht in dem Bereich Atemschutz. Warum? Gerade im Bereich Atemschutz sind die Einsatzkräfte am meisten der Gefahr von Flammen, Hitze, Explosion, Einstürzen und Abstürzen ausgesetzt. Durch die Erkenntnisse aus dem In- und Ausland kann man jedoch einige Gefahren wirksam begegnen.

Niemand soll persönlich angegriffen werden, keiner kann sich von Fehlern im Einsatzdienst freisprechen, es wird immer wieder zu Unfällen kommen. Diese Zeilen sollen Anregungen geben, um die Ausbildung und Ausrüstung weiter zu verbessern. Es sind doch oft gerade Kleinigkeiten die den Einsatz- und Übungsdienst noch sicherer machen. Unsere Übungen und Einsätze und insbesondere mögliche Unfälle sollten unbedingt ehrlich analysiert werden, um daraus Lehren zu ziehen. Es gibt keine perfekte Feuerwehr, wir können immer noch lernen!

Hier soll nur einmal das „Gefühl" für doch eine sehr große Anzahl an Unfällen unter Atemschutz aufgezeigt werden. Zu diesen Atemschutzunfällen zählen hier Unfälle, die im Zusammenhang mit einem Atemschutzeinsatz oder einer Atemschutzübung stehen. Durchzündungen, Explosionen, Einstürze, Abstürze usw. waren meistens die Ursachen.

Hier Auszüge aus den l e t z t e n Jahren:

April 1996, Flughafenbrand Düsseldorf
Zu einem Trupp unter Langzeit-PA wurde die Verbindung verloren, sie tauchen erst nach mehr als einer Stunde an einem völlig anderen Ort wieder auf.

Juni 1996, Wohnhausbrand in Köln
Ein Feuerwehrmann verstarb nach einer Rauchgasvergiftung.

Juli 1996, Brand einer Papierfabrik in Niederbipp (Schweiz)
Zwei Stunden nach der Alarmierung sterben drei Feuerwehrmänner! Als Todesursache wird eine Rauchgasintoxikation festgestellt.

Januar 1998, Saunabrand in Donaustauf (Bayern)
Ein toter Feuerwehrmann nach einer Rauchgaszündung.

Dezember 1999,Großbrand in einer Lagerhalle, Worcester (England)
Sechs Feuerwehrmänner starben an einer Rachgasvergiftung. Die ersten beiden verirrten sich bei der Personensuche, bei der anlaufenden Rettungsaktion verliefen sich vier weitere Feuerwehrangehörige.

Dezember 1999, Wohnhausbrand, Iowa (USA)
Drei getötete Feuerwehrmänner, drei getötete Kinder nach einer Durchzündung eines „einfachen" Küchenbrandes.

Januar 2001, Brand eines Einfamilienhauses in Düsseldorf
Personensuche im Dachgeschoss, zwei Trupps a´ zwei Feuerwehrangehörige, im EG zündet das Rauchgas durch,

der Rückzugsweg ist abgeschnitten, durch das Einschlagen einer Fensterscheibe können sich die Trupps über die DLK in das Freie retten.

März 2001, Kühlhausbrand in Hamburg
Der Trupp unter PA schiebt eine Feuerwehraxt im Brandrauch vor sich her, als die vorgeschobene Axt keinen Boden mehr unter sich hat, tastet der Truppführer mit den Händen und kniet nur wenige Zentimeter vor einem ungesicherten etwa drei Meter tiefen Fahrstuhlschacht. – Beinnaheabsturz.

September 2001, Wohnhausbrand in Bad Soden/Hessen
Ein 20jähriger Feuerwehrangehöriger erstickt im Atemschutzeinsatz. Es war ein „normaler" Zimmerbrand!

Oktober 2001, Garagenbrand in Wels (Österreich)
Ein verletzter Feuerwehrangehörige nach Absturz unter PA

Dezember 2001, München, Dachstuhlbrand eines 700qm Gebäudes
Nach mehreren heftigen Flashovern im Dachbereich mussten die Kräfte unter PA sich schnell zurückziehen, der Innenangriff wurde sofort abgebrochen.

Januar 2002, Brand in einer Tischlerei Lustenau (Österreich)
Ein verletzter Feuerwehrangehöriger nach einem Einsturz

März 2002, Gebäudebrand in Tennessee (USA)
Ein getöteter Feuerwehrmann und drei schwerverletzte nach Flashover.

Juni 2002, Wohnhausbrand in Osterstedt, SH
Eine Decke im brennenden Wohnhaus bricht ein, ein Feuerwehrangehöriger unter PA befindet sich in diesem Raum. Der Brandverletzte Feuerwehrmann kann nach wenigen Tagen von der Intensiv- auf eine andere Station verlegt werden.

September 2002, Zimmerbrand in Paris (Frankreich)
Fünf getötete Feuerwehrmänner nach einer heftigen Rauchgasdurchzündung.

September 2002, Wohnhausbrand in unserem Landkreis Limburg-Weilburg, fünf verletzte Feuerwehrangehörige, davon auch einige unter Atemschutz.

Mein Erlebnis:

Verlauf eines Krimi „Flashover“

Situation Marburg/Hessen, Einsatzstichwort: „Brand im Squash-Center Marburg“

Solche heimtückischen Brände und diese Dokumentation der Freiwilligen Feuerwehr Marburg sollte uns immer vor Augen sein, wenn wir schwarzen, dichten und pulsierenden Brandrauch ohne Flammenbildung aus dem Gebäude dringen sehen.

Auf der Anfahrt und vor dem Gebäude ist der Brandrauch zu sehen, der sich rasch entwickelnd aus dem Gebäude drückt.

Die Rauchentwicklung wird stärker, auch durch das schnelle öffnen der Türen und durch das platzen von Fenstern wird die Entwicklung beschleunigt.

Deutlich ist zu erkennen, das sich ein großer, unvollkommener Brand entwickelt hat und die Lage völlig unstabil ist. Die Kräfte gehen beim notwendigen Eindringen ein großes Risiko ein.

Auch die Trupps auf der Drehleiter sind dem starken und pulsierenden Brandrauch ausgesetzt und beginnen mit der Brandbekämpfung.

Die Situation wird immer heftiger, die Lage ist extrem gefährlich für die Kräfte, die jetzt im Innenangriff „das Feuer suchen“ und sich mutig in das Gebäude vorwagen.

Der Flashover steht kurz bevor, der Rauch ist extrem schwarz, Pyrolysegase dringen „pulsierend“ aus dem Gebäude.

Die Rauchgasdurchzündung steht kurz bevor, spätestens jetzt müssen wir uns fragen, ob wir nicht einen sofortigen Rückzug befehlen müssen.

Der Trupp auf der Drehleiter ahnt noch nichts von der gewaltigen Kraft einer Rauchgasdurchzündung und versucht die Lage von oben mit einem Strahlrohr zu bekämpfen. Auf dem folgenden Foto kann man bereits erste, kleine Flammenzungen erkennen, der „Krimi Flashover" wird gleich eintreten und das mit schweren Folgen für zwei Feuerwehrkameraden.

Die Rauchgasdurchzündung hat stattgefunden, dieses mit einer großflächigen Durchzündung im gesamten Gebäudebereich. Ein Feuerwehrkamerad wird mit Hilfe der Drehleiter und schweren Verletzungen aus dem Gefahrenbereich gebracht und dem Rettungsdienst übergeben.

Nicht nur der schwer beschädigte Feuerwehrhelm und das Atemschutzgerät dokumentieren die schwere der Rauchgasdurchzündung.

Der eingesetzte Drucklüfter, das Löschgerät sowie auch die Einsatzkleidung und die Unterwäsche der Atemschutzgeräteträger werden Opfer der massiven Rauchgasdurchzündung.

An dieser Stelle verweisen wir alle Atemschutzgeräteträger auf das Kapitel Schutzkleidung, Einsatzgrundsätze und bitten um Beachtung der Hinweise.

Fachbegriffe aus dem Bereich Atemschutz

Abschnittskanal
Kommunikation zwischen den vorgehenden Trupps und deren Einheits- bzw. Abschnittsleiter und den Zugführer auf jedem Abschnitt mit einem eigenen 2-m-Kanal.

Atemschutzkanal
Kommunikation zwischen allen unter Atemschutz vorgehenden Trupps und deren Einheitsführer, bzw. der Atemschutzüberwachung auf einem 2-m-Kanal.

Atemschutzüberwachung
Verfahren zur Überwachung aller Feuerwehrangehörigen unter Atemschutzgeräten an einer Einsatzstelle.

Atemschutzüberwachungstafel
Mit der Atemschutzüberwachungstafel werden die eingesetzten Kräfte in der Atemschutzüberwachung überwacht und registriert.

Backdraft
Siehe Rauchgasexplosion

Bewegungsmelder
Diese Geräte werden meist auch als Totmannwarngeräte bezeichnet. Es ist ein elektronisches Gerät mit Bewegungssensor, der aktustisch und evtl. auch optisch nach einem Voralarm den Hauptalarm auslöst. Dieses dadurch, dass sich der Träger dieses Gerätes über eine definierte Zeitspanne nicht bewegt. Die Geräte haben in der Regel auch die Möglichkeit, manuell ausgelöst zu werden.

Erholungsbereich
Bereich innerhalb einer Einsatzstelle, an dem sich die aus dem direkten Atemschutzeinsatz zurück kommenden Einsatzkräfte nach der Rückmeldung bei ihrem Fahrzeugführer oder der Atemschutzüberwachung zur Erholung oder vor dem nächsten Einsatz aufhalten.

Führungskanal
Der Führungskanal dient der Kommunikation zwischen den Abschnittsleitern und zum Einsatzleiter auf einem 2-m-Kanal.

Kameradenrettung
Eine mögliche Rettung einer verunfallten bzw. in Not befindlichen oder handlungsunfähigen Einsatzkraft.

Kontaktverlust
Kontaktverlust innerhalb eines vorgehenden Trupps. Die vorgehenden Trupps müssen aus Sicherheitsgründen eine geschlossenen Einheit bleiben. – Truppweises vorgehen ! –
Siehe auch in diesem Buch „Einsatzgrundsätze"

Lean Flashover
Siehe Rauchgasdurchzündung

Linke-Hand-Suche
Dabei bewegt sich der Trupp eng aneinander z.B. gesichert mit dem Karabiner des Sicherheitsgurtes oder der Bandschlinge durch den zu durchsuchenden Raum. Der Truppführer behält dabei immer seine linke Hand an der Wand.

Notsignal
Das Notsignal ist ein Signal, das in der Empfangszentrale angezeigt wird und am Feuerwehr-Notsignalgerät bzw.

am Notsignalgeber aktustisch und evtl. auch optisch einen lokalen Alarm für die Ortungszwecke, d. h. zum schnellen Auffinden auslöst.

Rauchdurchzündung
Die plötzliche Durchzündung der Pyrolysegase, die sich meistens in einer Rauchschicht ansammeln, wird als Rauchdurchzündung bezeichnet.

Rauchgasexplosion
Brände in Räumen mit sehr wenig Luftzufuhr können zu einem gefährlichen Zustand führen, bei dem im Brandraum ein zu „fettes Luftgemisch" von Pyrolysengasen und Kohlenmonoxid vorliegt. Wird dann in diesem Raum Luft zugeführt, kann es nicht nur zu einer Durchzündung sondern sogar zu einer Explosion der vorliegenden Brandgase kommen. Bei dieser Explosion können Stichflammen aus der Belüftungsöffnung herausschlagen, dieses oft in der Verbindung mit einer Druckwelle. Diesen Vorgang nennt man Rauchgasexplosion.

Rechte-Hand-Suche
Siehe Linke-Hand-Suche. Der Truppführer geht dann mit der rechten Hand gegen den Uhrzeigersinn durch den Raum, immer mit der rechten Hand an der Wand entlang.

Nach einem Einsatz mit psychischen Belastungen für die Einsatzkräfte, kann unter folgenden Rufnummern in den Landkreisen bei den einzelnen Notfallseelsorge- und Kriseninterventionsteams in Hessen Hilfe für die Einsatzkräfte angefordert werden (Einsatznachsorgeteam = Enst, Anzahl von Personen mit SbE-Ausbildung = SbE-A):

Kreis Bergstraße – Leitstelle 06252 -19222

Pfarrerin Barbara Tarnow
Tel: 0 62 57 - 631 72, Fax: 0 62 57 - 631 73
E-Mail: barbara.tarnow@gmx.de
Enst: nein, SbE-A: 4

Darmstadt – Leitstelle 06151 -19222

Pfarrer Heiko Ruff-Kapraun
Handy: 0175 - 4329 841, E-Mail: KSSKAPRAUN@aol.com
Enst: Ja, SbE-A: 1 Peer

Herrn Hans-Jürgen Stein
Tel: 0 61 51 - 9800 - 212, Fax: 0 61 51 - 9800 - 200
E-Mail: feuerwehr@stadt.darmstadt.de

LK Darmstadt-Dieburg – Leitstelle 06071-19222

Pfarrer Winfried Steinhaus
Tel: 06073 - 68 76 100 oder 6073 - 68 76 12,
Handy: 0171 - 30 52 303, Fax: 06073 - 68 76 11
E-Mail: notfallseelsorge.da-di@freenet.de
Enst: Nein, SbE-A: 2

Stadt Frankfurt – Leitstelle 069 -212 -721 70

Notfallseelsorge
Tel: 069 - 150 590 55, Fax: 069 - 150 590 56
E-Mail: notfallseelsorge.ffm@t-online.de

SbE Frankfurt ist unter derselben Adresse erreichbar. Eine extra Alarmierungsnummer wird später noch bekannt gegeben.

Flughafen-Seelsorge Frankfurt

Pfarrerin Ulrike Johanns
Tel: 069 - 690 731 78, Fax: 069 - 690 731 79
E-Mail: u.johanns@fraport.de

Fraport AG
Dipl.-Psychologe Hans-Günther Mainusch PSL-GA
Tel: 069 - 690-70017, Fax: 069 - 690-59642
E-Mail: hg.mainusch@fraport.de

Die Flughafen-Seelsorge kooperiert mit der Notfallseelsorge Frankfurt am Main und dem Kriseninterventionsteam der Fraport AG sowie dem CISM-Team der Stiftung Mayday.

Notfallseelsorge Frankfurt
Pfarrer Dieter Roos

Kreis Gießen – Leitstelle 0641 -19222

Pfarrer Bernd Nagel
Tel: 0 64 41 - 380 380, Fax: 0 64 41 - 381 028
E-Mail: nagel@notfallseelsorge-giessen.de
Enst: SbE-Team Gießen / Lahn-Dill, SbE-A: 21

Pfarrer Armin Gissel
Tel: 06 41 - 97 269 570, Fax: 06 41 - 97 269 573
E-Mail: agissel@aol.com

Landkreis Groß-Gerau – Leitstelle 06152-19222

Herrn Tankred Bühler
Tel: 0 61 52 - 578 17, Fax: 0 61 52 - 910 287
E-Mail : SiN.Gross-Gerau@gmx.de

Herrn Wolfgang Prawitz
Tel: 0 61 52 - 910 285, Fax: 0 61 52 - 910 287
E-Mail: prawitz@t-online.de
oder SiN.Gross-Gerau@gmx.de
Enst: Ja, SbE-A: 12

Kreis Hersfeld-Rotenburg – Leitstelle 06621 -19222

Pfarrerin Dorothea Henkel
Tel: 0 66 22 - 73 19, Fax: 0 66 22 - 916 524

Dekanat Rotenburg
Dekanin Gisela Strohriegl
Tel: 0 66 23 - 7368, Fax: 0 66 23 - 425 87
Enst: Im SbE-Team Nordhessen
Infos bei
Pfarrerin Sabine Kresse
Tel: 0 56 64 - 1628

Kreis Hochtaunus – Leitstelle 06172 -19222

Frau Heike Knorr
Deutsches Rotes Kreuz – KV Hochtaunus e.V.
Tel: 0 61 72 - 1295 - 0, Handy: 0179 - 4961 347
Fax: 0 61 72 - 1295 - 11
E-Mail: HKN@DRK-Hochtaunus.de

Frau Gudrun Schmitt
Deutsches Rotes Kreuz – KV Hochtaunus e.V.
Tel: 0 61 72 - 1295 - 0, Fax: 0 61 72 - 1295 - 11
Handy: 0173 - 3252 545, E-Mail: gudrun.schmitt@web.de
Enst: Ja, SbE-A: 12

Herrn Peter Weidmann
Deutsches Rotes Kreuz – KV Hochtaunus e.V.
Tel: 0 61 72 - 1295 - 0, Fax: 0 61 72 - 1295 - 80
E-Mail: Ausbildung@DRK-Hochtaunus.de

Kid-Team Kassel – Leitstelle 0561 -19222

Herrn Peter Klein
Tel: 0 561 - 669 87 oder 0561 - 78678(0)37
Handy: 0170 - 4119 188
Fax: 0 561 - 6028 996 oder 0561 - 78678 60

Kid-Team DRK KV Kassel-Stadt
Tel: 0 561 - 7290 427, Fax: 0561 - 7290 449
Handy: 0173 - 275 33 48
E-Mail: pp.klein@t-online.de oder kid@drk-ks.de
Enst: Ja, 0 561 - 7290 427 (24 Std.), SbE-A: ca. 30

Pfarrer Dr. Thomas Zippert
Ab 1. April 2003: Gansau 1
Tel: 06691-181298, Handy: 0173/2913953
E-Mail: Tzippert@t-online.de

Stadt Kassel – Leitstelle 0561 - 19222

Haus der Kirche
Pfarrer Kurt Grützner
Tel: 0 561 - 9378 - 358, Fax: 0 561 - 9378 - 445
Handy: 0173 - 27 92 000, E-Mail: notfallseelsorge@ekkw.de
Enst: Ja, SbE-A: 25

Herrn Peter Klein
Tel: 0 561 - 66 987, Fax: 0 561 -602 8996
Handy: 0170 - 4119188, E-Mail: pp.klein@t-online.de

Hofgeismar Kassel – Leitstelle 0561 - 19222

Pfarrer Berthold Kraft
Tel: 0 5671 - 1530, Handy: 0174 - 405 69 58
Fax: 0 5671 - 409 501, E-Mail: Berthold.Kraft@t-online.de

Pfarrerin Nora Dinges
Tel: 05676 - 344, Fax: 05676 - 925 439

Wolfhagen Kassel – Leitstelle 0561-19222
Pfarrer Wolfgang Hanske
Tel: 0 5692 -5797, Fax: 0 5692 - 992 795
E-Mail: Wolfgang.Hanske@t.online.de

Kreis Lahn-Dill – Leitstelle 06441 - 19222

Pfarrer Bernd Nagel
Tel: 0 64 41 - 380 380 , Fax: 0 64 41 – 381 028
E-Mail: nagel@notfallseelsorge-giessen.de

Pfarrerin Renate Wieczorek
Tel: 06441 - 73555 oder 0 64 41 - 79 21 68
Handy: 0171 - 356 88 40, Fax: 06441 - 79-51 69
E-Mail: klinikum wetzlar seelsorge@yahoo.de

Diakon Jürgen Ambrosius
Tel: 0 64 73 - 89 64, Fax: 0 64 73 - 411 319
Handy: 0177 - 823 96 60
E-Mail: Juergen.Ambrosius@gmx.de
Enst: Ja, SbE-A: 12
Tel: 06441 - 792168 oder 06473/8964
Fax: 06441 - 792165 oder 06473/411319
Handy: 0171 - 3568840 oder 0177 - 8239660
E-Mail: Juergen.Ambrosius@gmx.de

Kreis Limburg-Weilburg – Leitstelle 06431 - 19222

Frau Hedi Sehr
Tel: 0 6484 - 910 31, Fax: 0 6484 - 910 32
Handy: 0 179 - 1094 366
E-Mail: sehrfranz.de@t-online.de

Herrn Karlheinz Schliffer
Tel: 0 6472 - 75 04, Fax:
Handy: 0174 - 78 78 988, E-Mail: WSSchliffer@aol.com
Enst: Nein, SbE-A: 1 psychosoziale Fachkraft / 1 Peer

Kreis Main-Kinzig – Leitstelle 06181 - 19222

Arbeitskreis Krisenintervention / Notfallseelsorge
Herr Dr. Wolfgang Lenz
Tel: 0 66 61 - 81- 22 13, Fax: 0 66 61 - 81 - 22 74
E-Mail: W.Lenz@Leitstelle-MKK.de

Herr Marcus Wrobel
Tel: 0 61 81 - 292 2100, Fax: 0 61 81 - 292 2104
E-Mail: M.Wrobel@Leitstelle-MKK.de
Enst: Ja, SbE-A: Ja

Die vier Dienste im Einzelnen:

Kriseninterventionsdienst des DRK Gelnhausen:

Bärbel Adamek
Tel: 06051 - 18137
E-Mail: baerbel.adamek@bnpparibas.com

sowie Jutta Hoffmann-Dreßbach
Tel: 06051 - 18878
E-Mail: jutta-hoffmann@web.de

Notfallseelsorge Hanau
Pfr. Heinrich Schwarz
Tel: 06184 - 51440, Fax: 06184 - 50098
E-Mail: Schwarz.Rodenbach@t-online.de

Notfallseelsorge Gelnhausen
Pfr. Ulrich Briesewitz
Tel: 06055-2313, Fax: 06055 - 933557
E-Mail: UliBriesewitz@web.de

Notfallseelsorge Schlüchtern
Pfr. J. Truss. Pfr. H. Augustin, Dcht. M. Kopka
Tel: 06661/9649-14, Fax: 06661/9649-20
E-Mail: evg-slue@t-online.de

Kreis Main-Taunus – Leitstelle 06192 - 19222

Notfallseelsorge im Dekanat Kronberg, Dekanatsbüro
Telefon 0 61 96 - 766 970

Pfarrer Reinhold Ihrig
Tel: 0 61 92 - 370 01, Handy: 0179 - 526 33 67
Fax: 0 61 92- 319 13, E-Mail: familie.ihrig@t-online.de

Frau Cornelia Zimmermann-Müller
Tel: 0 61 96 - 622 05, Fax: 0 61 96 - 622 05

Einsatznachsorgeteam:
Stefan Racky
Tel: 0 61 92 - 207 711, Fax: 0 61 92 - 207 766
Handy: 0 171 - 804 56 00, E-Mail:
Enst: Nein, SbE-A: 1 psychosoziale Fachkraft / 1 Peer

Kr. Marburg-Biedenkopf – Leitstelle: 06421 - 23024

Herrn Christian Reifert
Tel: 0 6461 - 924 620 oder 0 64 61 - 2862
Handy: 0 171 - 3788 098, E-Mail: christian@reifert.de

Pfarrer Armin Wehrmann, 35041 Marburg-Wehrda
E-Mail: armin.wehrmann@gmx.de

Trägerschaft KFV Marburg-Biedenkopf:
Kreisbrandinspektor Dieter Beetz
Tel: 0 64 62 - 912984 oder 0 64 21 - 405320
Handy: 0172 - 2688 734
Fax: 0 64 62 - 912985 oder 0 64 21 - 405 408
E-Mail : Renate.Dieter@t-online.de
oder Brandschutz@marburg-biedenkopf.de
Enst: Ja, SbE-A: 10
Kriseninterventionsdienst, 35 diensthabende Helfer

Odenwaldkreis – Leitstelle 06062 -19222

Notfallseelsorge & Krisenintervention im Odenwaldkreis
Pfarrer Reinhold Hoffmann
Tel: 0 62 75 - 28 4, Fax: 0 62 75 - 13 62
Handy: 0 171 - 124 07 88
E-Mail: ev_kgm_rothenberg@t-online.de

Pfarrer Andreas Höfeld
Tel: 0 179 - 648 12 82 oder 0 60 62 - 919 619
Handy: 0 179 - 833 82 55, E-Mail: a.hoefeld@gmx.de

Susanne Uster
Tel: 0 60 63 - 589 979 oder 0 60 63 - 500 931
Handy: 0 172- 706 34 44
E-Mail: uster@stadt.badkoenig.de

Einsatznachsorgeteam:
zu erreichen über Leitstelle 06062 -19222

Landkreis Offenbach – Leitstelle 06074 - 19222

Wolfgang Schreiber
Tel: 0178 - 44 66 381 oder 06074 - 886 20
Fax: 06074 - 932 47 oder 06074 - 886 228
E-Mail: schreiber-w@gmx.de

Bettina Schleidt
Tel: 0177 - 850 05 35, Handy: 0173 - 673 00 30
E-Mail: bettina.schleidt@gmx.de
oder bettina.schleidt@db.com

Stadt Offenbach – Leitstelle 069 – 8065 - 3333

Uwe Sauer
Tel: 069 - 862 502 oder 069 - 8065 - 3340
Handy: 0171 - 146 2131, Fax: 069 - 8065 - 3349
E-Mail: uwe.sauer@offenbach.de

Bettina Schleidt
Tel: 0177- 850 05 35, Handy: 0173 - 673 00 30
E-Mail: bettina.schleidt@gmx.de
oder bettina.schleidt@db.com
Einsatznachsorgeteam: s.o.
SbE-Team vorhanden, Kontakt via Uwe Sauer

Kreis Rheingau-Taunus – Leitstelle 06124 - 19222

Pfarrerin Nikola Züls
Tel: 0 61 20 - 80 44, Fax: 0 61 20 - 972 569
E-Mail: ev.kirche.laufenselden@t-online.de

Pfarrer Andreas Pohl
Tel: 0 61 28 - 71 938, Fax: 0 61 28 - 970 230

Weitere Mitglieder der „AG Notfallseelsorge":
Friedrich Cinibulk, Sabine Schmidt
Enst: Nein, SbE-A:

Kreis Schwalm-Eder – Leitstelle 05681 - 19222

Herrn Günter Kolbe
Tel: 0 56 81 - 930 430, Fax: 0 56 81 - 930 432
E-Mail: kolbe.guenter@t-online.de, Enst: Nein

Kreis Vogelsberg – Leitstelle Alsfeld 06631 - 19222

Pfarrer Harald Wysk
Notfallseelsorger im Vogelsbergkreis
C/o Ev. Dekanat Alsfeld
Tel: 0 6631 - 9114914, Handy: 0151 - 1167 2162
Fax : 0 6641 - 9114920, E-Mail : harald.wysk@t-online.de

Pfarrerin Gabriele Mielke
Tel: 06698 - 233, Fax: 06698 - 8683, Handy: 0172 - 6642671
Enst: SbE-A: z.Zt. weitere Mitglieder aus NFS-Wetterau; eigene Mitglieder in Ausbildung

Kr. Waldeck-Frankenberg – Leitstelle 05631 - 19222

Pfarrer Volker Fischbach
Tel: 0 56 23 - 1303, Fax: 0 56 23 - 1303

Pfarrer Frank Kopania
Tel: 0 64 52 - 8486, Fax: 0 64 52 - 577 76
E-Mail: Tautz-Kopania@t-online.de
Enst: Zusammenarbeit mit KIT Nordhessen, SbE-A: 2
SbE-Team Waldeck-Frankenberg ist im Aufbau.

Kreis Werra-Meißner – Leitstelle 05651 - 19222

Pfarrer Ralph Beyer
Tel: 0 56 58 - 315 oder 0 56 58 - 315
Handy: 0171 - 508 02 87, Fax: 0 56 58 - 923 577
E-Mail: Pfarramt-oetmannshausen@gmx.de
Enst: Zusammenarbeit mit dem SbE-Team Nordhessen

Kreis Wetterau – Leitstelle 06031 - 19222

Herrn Joachim Michalik
Tel: 0 60 03 - 920 26 oder 0 60 32 - 931 313
Handy: 0175 - 2612 573
Fax: 0 60 03 - 92028 oder 0 60 32 - 931 312
E-Mail: Michalik.Rosbach@t-online.de
oder Joachim.Michalik@kirche-wetterau.de

Pfarrer Jörg Fröhlich
Tel: 0 6032 - 949 761, Fax: 0 6032 - 9290 890
Handy: 0 179 - 2306 733
E-Mail: Joerg.Froehlich@kirche-wetterau.de
Enst: Ja
SbE-A: 8 psychosoziale Fachleute / 4 Peers

Stadt Wiesbaden – Leitstelle 0611 - 19222

Seelsorge in Notfällen e.V. Wiesbaden, Geschäftsstelle
Tel: 0 611 - 419 210, Fax: 0 611 - 1841 832
E-Mail: sin.wiesbaden@t-online.de

Ev. Pfarramt für Notfallseelsorge
Pfarrer Andreas Mann
Tel: 0 611 - 422 673, Fax: 0 611 - 7164 368
Handy: 0 170 - 3292 932, E-Mail: a.mann@t-online.de
Enst: Ja, SbE-A: 10

Stichwortverzeichnis

Quellennachweise, Literaturliste

Roten Hefte, Kohlhammer Verlag, Stuttgart.

Bundesverband der Unfallkassen, Merkblatt GUV 20.14, Regeln für den Einsatz von Atemschutzgeräten, 4/97.

Feuerwehr-Dienstvorschrift 7.

Falsche Taktik, große Schäden, Markus Pulm, BF Karlsruhe.

Atemschutz Fibel Dräger Sicherheitstechnik.

Technische Unterlagen der Firma MSA-AUER, Berlin.

Museumsführer des Deutschen Feuerwehr-Museum Fulda 1997.

Manfred Dubig: **Technische Hilfe,** Handbuch Feuerwehr, Wenzel Verlag Marburg, 2002.

Federal Emergency Management Agency, United States Fire Administration: **Stress Management,** Model Program For Maintaining Firefighter Well-Being, Sterling USA, 1991.

Landespolizeidirektion Tübingen: **Sie haben eine Todesnachricht zu überbringen.** Faltblatt für Einsatzkräfte, Eigenverlag.

Moody, Dr.med.Raymond A.: **Leben nach dem Tod,** Rowohlt-Verlag

Schäfer, Dierk; Knubben, Werner: **... in meinen Armen sterben?** Vom Umgang der Polizei mit Trauer und Tod. Verlag deutsche Polizeiliteratur, Hilden 1992.

Schibilsky, Michael: **Trauerwege,** Beratung für helfende Berufe, Düsseldorf, 1989.

Schuchardt, Erika: **Warum gerade ich ...?** Leiden und Glaube; Schritte mit Betroffenen und Begleitenden; mit Bibliographie von über 1000 veröffentlichten Lebensgeschichten alphabetisch-gegliedert-annotiert (7. Auflage) Vandenhoeck und Ruprecht, Göttingen, 1993.

Sonneck, G. (Hrg.): **Krisenintervention und Suizidverhütung,** Ein Leitfaden für den Umgang mit Menschen in Krisen, 2. Aufl. Facultas Verlag, Wien, 1991.

Trum u.a.: **Einen Schritt weiter - und ich springe!** Psychologie für Polizeibeamte, Band 3, Boorberg-Verlag, München.

Wagner-Link, Angelika; Techniker Krankenkasse (Hrgg.) **Der Streß** Stressoren erkennen, Belastungen vermeiden, Streß bewältigen, Hamburg 1993.

Fachartikelliste

Brecheisen, Andreas: **Psychische Belastungen des nichtärztlichen Rettungsdienstpersonals,** in: Leben Retten 3/92.

Fertig, Bernd: **Die innere Welt unserer Mitmenschen verstehen lernen,** Patientenzentrierte Gesprächsführung im Rettungsdienst. Teil 1, in: Rettungsdienst 4/92; Teil 2, in: Rettungsdienst 5/92.

Feyrer, Johannes: **Psychische und physische Belastungen im Rettungsdienst,** in: Rettungsdienst 8/1991.

Greis, Jörg: **Psychologische Erste Hilfe – ein vergessenes Thema?,** in: Rettungsdienst 11/92.

Koch, Christian und Müller, Verena, Dr.: **Das steckt man nicht so einfach weg,** Einsatzkräfte sprechen über ihre Empfindungen, in: brandschutz / Deutsche Feuerwehr-Zeitung 2/1993.

Meyer, Wolfgang, Dr. u.a.: **Zur Psychologie des ärztlichen Verhaltens bei der Reanimation,** in: Der Notarzt 7/91.

Müller, Verena, Dr. und Brümmer, Dieter.: **Streß und Streßbewältigung,** in: brandschutz / Deutsche Feuerwehr-Zeitung 2/92.

Münch, Rudolf: **Probleme im Alltag der Feuerwehren: Belastbarkeit und Tauglichkeit von Feuerwehrleuten,** in: brandschutz 11/91.

Remke, Stefan: **Wünsche von Unfallpatienten an das medizinische Rettungsteam während der Ersten Hilfe,** in: Rettungsdienst 8/93.

Rudolph, Bernhard: **Streß in der Feuerwehr,** in: Feuerwehrmagazin 5/1991.

Waterstraat, Frank: **Wo bleibt Gott in der Feuerwehr?** – Können die Kirchen Einsatzkräften bei der Streßbewältigung helfen? – in: brandschutz / Deutsche Feuerwehr-Zeitung 5/1992.

Waterstraat, Frank: **Feuerwehr und Kirche - Der Versuch einer Begegnung,** in: Feuerwehr Kurier, Zeitschrift für den Brandschutz, 1/92.

Waterstraat, Frank: **Ob man vor dem Streß fliehen möge** – Aspekte seelsorgerlicher Begleitung von Einsatzkräften – Ein Unterrichtskonzept – in: brandschutz / Deutsche Feuerwehr-Zeitung 2/1993.

Professor Dr. med. Peter Sefrin, Bundesfeuerwehrarzt: **Einsatzgefahren und ihre Auswirkungen,** in: Feuerwehrmagazin 2/2003

Grundwissen Feuerwehr Comic

von Siegfried Volz und Erhard Balzer

Lustige Comicgeschichten erklären Grundsätzliches und Wichtiges rund um die Feuerwehr. Die ausmalbaren Bilder begeistern Kinder und Jugendliche – zusätzlich wird jedes Bild nochmals fachlich erklärt. Das Buch ist geeignet für Feuerwehrleute ab 4 Jahre. Dieses Buch stillt den ersten Wissensdurst in Sachen Feuerwehr der Kinder und Jugendlichen. Es vermittelt Brandschutzwissen auf spielerische und kindgerechte Art.

© Wenzel-Verlag
Am Krekel 47 · 35039 Marburg
Telefon: 0 64 21 / 17 32 60
Telefax: 0 64 21 / 17 32 69
E-Mail: redaktion@wenzelverlag.de
Internet: http://www.wenzelverlag.de

6,- €
ISBN 3-88293-030-6
288 Seiten
Format 10,5 x 14,8 cm
Folienkaschierter Umschlag
zahlreiche Zeichnungen

Welches Buch aus unserem Verlag haben Sie gekauft?

- ☐ Feuerwehr - Grundlehrgang
- ☐ Atemschutz Praxis
- ☐ HB für Maschinisten
- ☐ Technische Hilfe

Bitte diese Karte an nebenstehende Adresse schicken oder die Angaben der Rückseite an folgende E-Mail-Adresse:
redaktion@wenzelverlag.de

Vielen Dank!

Mit freundlichen Grüßen
Ihr Wenzel-Verlag

Eine Marke
die sich
lohnt!

Antwort

Druckerei & Verlag Wenzel
Am Krekel 47

35039 Marburg